金枪鱼渔业科学研究丛书

金枪鱼延绳钓钓钩力学性能及渔具捕捞效率研究

宋利明　著

上海大学出版社

·上海·

图书在版编目(CIP)数据

金枪鱼延绳钓钓钩力学性能及渔具捕捞效率研究 /
宋利明著.—上海：上海大学出版社,2021.12
(金枪鱼渔业科学研究丛书)
ISBN 978 - 7 - 5671 - 4432 - 3

Ⅰ.①金…　Ⅱ.①宋…　Ⅲ.①金枪鱼—海洋渔业—海
洋捕捞—研究　Ⅳ.①S977

中国版本图书馆 CIP 数据核字(2021)第 270659 号

责任编辑　陈　露
封面设计　缪炎栩
技术编辑　金　鑫　钱宇坤

金枪鱼延绳钓钓钩力学性能及渔具捕捞效率研究
宋利明　著
上海大学出版社出版发行
(上海市上大路 99 号　邮政编码 200444)
(http://www.shupress.cn　发行热线 021 - 66135112)
出版人　戴骏豪
＊
南京展望文化发展有限公司排版
江苏凤凰数码印务有限公司印刷　各地新华书店经销
开本 787mm×1092mm　1/16　印张 10.5　字数 250 千
2022 年 1 月第 1 版　2022 年 1 月第 1 次印刷
ISBN 978 - 7 - 5671 - 4432 - 3/S・2　定价　98.00 元

本丛书得到下列项目的资助：

1. 2015~2016 年农业部远洋渔业资源调查和探捕项目（D8006150049）
2. 科技部 863 计划项目（2012AA092302）
3. 2012、2013 年农业部远洋渔业资源调查和探捕项目（D8006128005）
4. 2011 年上海市教育委员会科研创新项目（12ZZ168）
5. 2011 年高等学校博士学科点专项科研基金联合资助项目（20113104110004）
6. 2009、2010 年农业部公海渔业资源探捕项目（D8006090066）
7. 2007、2008 年农业部公海渔业资源探捕项目（D8006070054）
8. 科技部 863 计划项目（2007AA092202）
9. 2005、2006 年农业部公海渔业资源探捕项目（D8006050030）
10. 上海高校优秀青年教师后备人选项目（03YQHB125）
11. 2003 年农业部公海渔业资源探捕项目（D8006030039）
12. 科技部 863 计划项目（8181103）

丛书序一

　　我国的金枪鱼延绳钓渔业始于 1988 年（台湾地区始于 20 世纪初），当时将小型流刺网渔船或拖网渔船进行简单改造、获得许可后驶入中西太平洋岛国的专属经济区进行作业。改装船当时都用冰保鲜，冰鲜的渔获物空运到日本销售。超低温金枪鱼延绳钓渔业始于 1993 年 7 月，主要在公海作业，发展迅速，到 2017 年年底，中国的金枪鱼延绳钓渔业已拥有冰鲜渔船 24 艘、低温渔船 337 艘以及超低温渔船 149 艘。

　　丛书作者宋利明教授曾作为科技工作者，于 1993 年 7 月随中国水产有限公司所属的超低温金枪鱼延绳钓渔船"金丰 1 号"出海工作。首航出发港为西班牙的拉斯·帕尔马斯（Las Palmas）港，赴大西洋公海，开启了我国大陆在大西洋公海从事金枪鱼延绳钓渔业的先河（台湾地区始于 20 世纪 60 年代初）。宋利明教授是该渔业的重要开拓者之一，其后续开展金枪鱼延绳钓渔业科学研究和技术推广 25 年，对该渔业的发展做出了重要的贡献。

　　捕捞技术涉及渔业资源与渔场、渔业生物学与鱼类行为能力、渔具与渔法等。通过对大西洋、太平洋和印度洋金枪鱼延绳钓渔场的多年调查和获取的数据，该丛书按海域、保藏方式和研究内容分为"公海超低温金枪鱼延绳钓渔船捕捞技术研究""印度洋冷海水金枪鱼延绳钓渔船捕捞技术研究""中西太平洋冷海水金枪鱼延绳钓渔船捕捞技术研究""中西太平洋低温金枪鱼延绳钓渔船捕捞技术研究""中西太平洋金枪鱼延绳钓渔业渔情预报模型比较研究""金枪鱼延绳钓钓钩力学性能及渔具捕捞效率研究""金枪鱼延绳钓渔具数值模拟研究""金枪鱼类年龄与生长和耳石微量元素含量研究"8 个专题，全面反映了多学科的交汇和捕捞学学科的研究前沿。

　　宋利明教授长期深入生产第一线采集数据资料，进行现场调查，研究成果直接用于指导渔船的生产作业。该丛书是宋利明教授从事金枪鱼延绳钓渔业研究 25 年来辛勤劳动的成果，具有重要的实用价值，同时还是渔情预报和渔场分析的重要参考资料。该丛书的出版，将是我国远洋金枪鱼延绳钓渔业科学研究的重要里程碑。

周应祺

2018 年 10 月 2 日

丛书序二

　　我国远洋金枪鱼延绳钓渔业经过 30 多年的历程，逐步发展壮大，现已成为当前我国远洋渔业的一大产业。金枪鱼延绳钓渔业是我国"十三五"渔业发展规划的重要内容之一，属于需稳定优化的渔业。

　　尽管我国的远洋金枪鱼延绳钓渔业取得了 12 万 t 左右的年产量，但金枪鱼类的分布与海洋环境之间的关系、渔情预报技术、渔具渔法等一些基础研究工作跟不上生产发展的要求，与日本、美国、欧盟等国家和地区有一定的差距。因此，有必要加强对金枪鱼延绳钓捕捞技术及其相关技术领域的研究工作，实现合理有效的生产，同时为金枪鱼类资源评估、渔情预报技术提供基础理论依据。

　　大眼金枪鱼、黄鳍金枪鱼和长鳍金枪鱼是我国金枪鱼延绳钓渔业的主要捕捞对象。本丛书围绕其生物学特性、渔场形成机制、渔情预报模型、渔获率与有关海洋环境的关系、提高目标鱼种渔获率与减少兼捕渔获物的方法、实测钓钩深度与理论深度的关系、延绳钓钓钩力学性能及渔具捕捞效率、延绳钓渔具数值模拟等展开调查研究，研究成果将直接服务于我国远洋金枪鱼延绳钓渔业，有益于促进远洋金枪鱼延绳钓渔业效益的整体提高、保障远洋金枪鱼延绳钓渔业的可持续发展。

　　本丛书在写作和海上调查期间得到了上海海洋大学捕捞学硕士研究生王家樵、姜文新、高攀峰、张禹、周际、李玉伟、庄涛、张智、吕凯凯、胡振新、曹道梅、武亚苹、惠明明、杨嘉樑、徐伟云、李杰、李冬静、刘海阳、陈浩、谢凯、赵海龙、沈智宾、周建坤、王晓勇、郑志辉，以及中国水产有限公司刘湛清总经理，广东广远渔业集团有限公司方健民总经理、黄富雄副总经理，深圳市联成远洋渔业有限公司周新东董事长，浙江大洋世家股份有限公司郑道昌副总经理和浙江丰汇远洋渔业有限公司朱义峰总经理等的大力支持。在此表示衷心的感谢！

宋利明

2018 年 9 月 28 日

前　言

经过 30 多年的发展，我国金枪鱼延绳钓渔业逐步发展壮大。为了顺应区域性渔业管理组织的要求、提高目标鱼种渔获率与减少兼捕渔获物，我们有必要对延绳钓钓钩力学性能及渔具捕捞效率展开调查和研究。

本书通过对圆型钩、环型钩进行 CAD、UG 二、三维实体建模，利用 ANSYS 软件对其进行有限元分析，获得钓钩的等效应力、应变、位移的分布模式和可能的破坏条件和形式，采用万能试验机对同结构、同尺寸的钓钩进行拉力试验，采用数字图像相关法（DIC）全程记录、分析钓钩的应变、位移过程，系统比较了延绳钓环型钩、圆型钩的力学性能。根据 2006 年 10 月 1 日~11 月 30 日在印度洋马尔代夫群岛海域的金枪鱼延绳钓渔业调查数据和 2006 年 10 月 27 日~2007 年 5 月 29 日在中西太平洋马绍尔群岛海域的金枪鱼延绳钓渔业调查数据，围绕我国大滚筒金枪鱼延绳钓渔具的捕捞效率等展开研究，为开发高效生态友好的渔具和渔法、提高作业渔船的经济效益提供技术支撑。本书共 3 章，第 1 章为"金枪鱼延绳钓钓钩力学性能研究"，第 2 章为"马尔代夫群岛海域金枪鱼延绳钓渔具捕捞效率研究"，第 3 章为"马绍尔群岛海域金枪鱼延绳钓渔具捕捞效率研究"。

本书在写作和海上调查期间得到广东广远渔业集团有限公司方健民总经理和黄富雄副总经理、深圳市联成远洋渔业有限公司周新东董事长等的大力支持，并得到农业农村部 2006 年公海渔业资源探捕项目和深圳市联成远洋渔业有限公司资源调查项目的资助，在此深表谢意！还要感谢"粤远渔 168"和"深联成 719"全体船员，上海海洋大学捕捞学硕士研究生高攀峰、李玉伟和刘海阳等，在海上调查和写作过程中给予我的大力帮助。

由于本书覆盖内容较多，作者的水平有限，可能会有疏漏，敬请各位读者批评指正。

作　者

上海海洋大学海洋科学学院

国家远洋渔业工程技术研究中心

大洋渔业资源可持续开发省部共建教育部重点实验室

远洋渔业协同创新中心

2021 年 11 月 18 日

目　录

第1章

金枪鱼延绳钓钓钩力学性能研究

1 引　言

近百年来,海龟的生存受到极大威胁,所有海龟均已被列为濒危物种。国际上颁布了《生物多样性公约》[1]等国际公约以保护海龟等物种资源,而延绳钓渔业为威胁海龟生存的主要因素之一[2]。

国际社会对负责任渔业日益关注,要求延绳钓渔业保护鲨鱼和海龟的呼声也越来越高,联合国粮农组织(Food and Agriculture Organization of the United Nations, FAO)于1999年先后颁布了三个关于养护鲨鱼、海鸟和海龟的国际行动计划,要求各区域性渔业管理组织采取措施减少这些物种和其他物种的误捕和兼捕。科研人员一直在寻找一种既能减少鲨鱼和海龟兼捕、误捕,又能保持对主捕鱼种具有较高钓获率的有效方法。金枪鱼延绳钓渔业今后要继续作业,必须满足一定的条件,如使用圆型钓钩、配备海龟释放工具、使用惊鸟绳等。为此,我国的金枪鱼延绳钓渔业亟须开展生态型捕捞技术研究。

延绳钓渔具主要由干线、支线、浮子、浮子绳、钓钩等组成。钓钩是延绳钓捕捞作业中最重要的组成部分之一,常用的钓钩一般有环型钩、圆型钩[3-4]。圆型钩具有减少海龟误捕率、渔获物释放后存活率高、钩获率较高、脱钩率低等优点[3-6]。而且目前国际环保组织有规定,为了保护海鸟、海龟都要求使用环保钩——圆型钩。金枪鱼渔业目前在用的钓钩一般是圆型钩,但是在超低温金枪鱼延绳钓渔业中由于鱼体较大,因此用的是环型钩。圆型钩虽有逐渐取代环型钩的趋势,但需保证圆型钩作业过程中不会发生变形或断裂。因此,在钓钩设计和材料选用过程中,必须保持钓钩具有足够的刚度与强度[3]。国内外对于钓钩力学性能的研究较少,需进一步研究不同种类钓钩在钓获渔获物时的捕捞特性[7],分析其结构、受力和变形,并进行比较,掌握其力学性能的差异。

1.1　国内外研究现状分析

延绳钓渔具属被动性渔具[8],了解延绳钓钓钩的结构特点和力学性能及渔获时的受力[9],将有利于金枪鱼延绳钓钓钩设计的改进。目前关于延绳钓钓钩的变形、钓钩最大抗拉力、强度分析的研究相对较少,下文对国内外有关钓钩研究的情况进行概述与总结。

1.1.1　生态型与传统型钓钩

海龟下潜较深,故借改变钓钩深度的方式对海龟误捕的效果甚微[10]。通过实验数据证明,使用环型钩作为延绳钓钓具确实能引起对海龟的兼捕[11];而且环型钩结构容易造成鱼体死亡,会威胁海龟等动物的生存。

夏威夷延绳钓渔业中,通过比较圆型钩、环型钩、J型钩三种结构不同尺寸的捕捞效率,表明圆型钩能减少鲨鱼的兼捕,研究结果可应用于其他海域[12]。研究表明与传统环型钩相比,金枪鱼延绳钓渔业中使用圆型钩使海龟的钓获率下降44%~88%[13]。

圆型钩属生态环保钓钩,有利于减少兼捕以满足生态保护等要求[14]。大号(18/0)不锈钢圆型钩可减少对海龟的误捕;采用鲐鱼饵料的大号圆型钩代替传统的环型钩后,使棱皮龟(*Derm ochelys coriacea*)和蠵龟(*Caretta caretta*)的钓获率下降了65%~90%[15]。相比传统环型钩,大号圆型钩对减少误捕更明显,小号圆型钩和传统的环型钩对海龟的钓获率没有实质性区别,表明钓钩大小与误捕海龟也有关系[16]。通过分析钓钩的钩深、偏角、尺寸、挂放位置等对渔获物死亡率的影响,得出圆型钩是有效的保护型钓钩[17]。

研究表明在延绳钓作业中使用圆型钩可降低海龟的死亡率[18]。圆型钩还可降低渔获物的死亡率、增加释放鱼的存活率[19]。使用大号(18/0)圆型钩并置于40 m水深以下,可使海龟的钓获率显著降低,另能增加目标鱼种的钓获率[20]。

1.1.2 钓钩材料和力学性能

圆型钩一般钩底较宽,富弹性,装饵牢靠,适捕各种大小的鱼类。环型钩一般钩底较窄,适捕大、中型鱼类。非平面型钓钩的前弯、尖芒和钩轴不在同一平面内,刺鱼性能良好,适捕敏捷掠食性鱼类,但易折断,需提高钓钩的强度[21]。

钓钩使用"100号高碳钢"材料,使钓钩具有极高的强度[22]。镍在防锈蚀方面更突出,其性能取决于含量,高镍含量却能导致钓钩过脆。碳钢轻而牢固,碳含量越高,合金材料的硬度也越高,钩体直径也可更细。相比之下,不锈钢价格偏低,碳钢钓钩必须通过电镀增强防锈蚀性能[23]。钓钩采用新材料,即附加金属合金可有效降低鲨鱼、海龟兼捕率[24]。

印度学者Edappazham等对七种不同尺寸的捕捞金枪鱼和中等体型鱼的钓钩进行垂直拉伸,观测钓钩的特性、硬度和变形,结果表明拉伸试验能有效分析钓钩的力学性能,钓钩直径与抗拉强度呈正相关关系[25]。

1.1.3 钓钩作业受力

鱼体咬钩挣扎的随机性决定了钓钩的受力点可以分布在前弯的任意部位,鱼体急剧挣扎时的动拉力与鱼的游速和相应的动能有关,也与干线的弹性有关。干线的弹性决定吸收上述动能的变形长度。

作用在弹性钓钩上的力增加时,最大负荷 F 可写成:$F=cd$,式中:c—钓具刚度(N/m);d—弹性位移(m)。如钓钩弹性不够,鱼冲刺时的动负荷可能使鱼逃脱或使钓钩断裂[2]。鱼体发出的静拉力与鱼体长度和体重等有关,鱼体发出的最大拉力 F_j 可用下式表示:$F_j=kWl^{-1/3}$,式中:W—鱼体体重(kg);l—鱼体体长(cm);k—系数,与鱼种有关[26]。

1.1.4 起重机吊钩的研究进展

目前,从力学研究角度出发研究钓钩的相关国内外文献较少,而钓钩与起重机吊钩形状、作用、受力情况、应力应变等具有一定相关性。因此,本文借鉴起重机吊钩的研究方法,供研究钓钩的力学性能作参考。下文对吊钩的研究进展进行归类总结。

(1)应力、应变、位移

Uddanwadiker(2011)通过吊钩 3D 模型获得了应力随时间变化的分布模式,预测应力集中区域,通过调整吊钩的形状以提高工作寿命[27]。Nishimura 等(2010)研究得出吊钩受损时,危险区域主要为下方点和末梢点,方向沿重力方向[28]。硬态切削则会产生残余应力[29]。

参照分析吊钩极限载荷时的静态受力,获得吊钩指定受力状态时的最大应力、应变和位移[30],此方法适合对钓钩进行静态分析。应力超过标准值时,将产生塑性变形[31]。通过 ANSYS Workbench 对吊钩仿真模拟,综合考虑各主要因素的影响,将会更加符合实际。钓钩同吊钩一样,危险断面处不仅产生拉伸应力同时产生扭转应力[32]。而基于微观结构的有限元建模方法,研究不同材料对高硬度钢变形的影响[33],同样适用于钓钩材料研究。

(2)优化设计

根据实际情况施加约束与载荷,并对其强度进行有限元分析,得到吊钩应力和位移的分布规律,展示工作的危险截面。并在有限元分析的基础上,以及吊钩安全的前提下,对厚度及结构进行优化[34]。优化后尺寸更加合理,并减轻重量,分析和优化结果可为结构设计提供科学合理的参考依据[35]。

在材料、受力相同的情况下,研究不同结构的承载能力[36]。在保证安全的前提下,结合有限元分析与设计理论、结构形状参数,构建 ANSYS 优化模型,可大幅度减轻材料消耗[37]。

1.2　ANSYS Workbench 软件的应用

王仰龙等(2015)采用有限元分析软件 ANSYS Workbench 进行模态有限元分析,表明叶片的主要振动是弯曲、扭转振动以及两者的融合振动,设计时应加强叶片的弯曲强度。该方法可应用于钓钩的模态分析及优化[38]。

童珍容等(2014)分析了壳体的受力状态,计算壳体的最大变形值及发生位置,并对壳体结构进行改进,使其满足设计要求。该方法可应用于钓钩的应力应变分析及优化[39]。

梁满朝等(2014)利用 ANSYS Workbench 有限元分析软件对齿轮进行静力学有限元分析,得到齿轮接触应力大小云图和形变云图,该方法可应用于钓钩的静力学分析[40]。

巨文涛等(2014)采用 ANSYS Workbench 瞬态动力学分析法,分析回转机构刚体运动与曲线数值。结果表明特性分析值与理论值一致,说明 ANSYS Workbench 瞬态动力学在结构分析中的可靠性与便捷性。该方法可应用于钓钩的瞬态动力学分析[41]。

Chuan 等(2014)通过 ANSYS Workbench 研究不锈钢叶片厚度,在不影响性能的条件下减少材料。该方法可应用于钓钩的优化设计[42]。

Thin - Lin(2013)通过 ANSYS Workbench 对导轨系统进行接触压力分析和动态疲劳寿命研究。该方法可应用于钓钩的接触分析、疲劳分析[43]。

1.3 钓钩试验测量方法

传统的探针式的接触测量方法存在测量费力、测量时间长、半径补偿误差、不能测量软质材料等局限性。非接触测量的发展很大程度上改善了传统测量方法上的不足并缩小了测量结果的误差,更加直观地表现出材料应变区域。非接触测量是以光电、电磁等技术为基础,在不接触被测物体表面的情况下,得到物体表面参数信息的测量方法。其中数字图像法,为非接触测量的一种重要方法。

(1) 数字图像相关法测量物体变形

数字图像相关法(digital image correlation, DIC)于 20 世纪 80 年代初,由美国南卡罗来纳州立大学的 Ranson 和 Peters[44]与日本的 Yamaguchi 等[45]同时提出,至今,国内外许多工程技术专家和科研工作者对数字图像相关法做了许多的探索与改进,主要是围绕数字图像相关法的测量精度、适用范围、图像处理速度等,提出了大量的研究方法和理论,在更多的领域中应用数字图像相关法,使数字图像相关法更实用。

在数字图像相关法中,相关函数、搜索算法、计算窗口大小、试件表面散斑图质量、摄像机标定等是其关键技术。从数字图像相关法提出至今,对其应用的研究也在不断发展。数字图像相关法大量应用于各种材料的全场位移及应变测量[46-48],可以获得破坏实验的整个过程的变形场,包括裂纹尖端应变场测量[49-50]、裂纹尖端张开位移测量[51-55]。采用不同的摄像机镜头可以测量从几厘米到几十米不等视野范围内的变形[56-60]。采用数字图像相关法可以测量应力强度因子[61],应用于流场测量[62];在高温环境下对铬镍铁合金材料的面内位移、应变进行测量[63-65]。自从数字图像相关法应用在三维测量以来,在高速及微观领域有了更深入的应用和发展,配合高速相机可以测量物体瞬间三维变形。

(2) 数字图像相关法适用测算条件及原理

数字图像相关法的准确性、鲁棒性和计算效率在最近几年已经有了很大的进步。有限元分析和最小二乘法或 Newton - Raphson 法用于位移和应变测量提高了测量精确度[66-67],用各种相关准则来减小或消除周围环境的亮度变化对测量误差的影响[68]。

在实际应用中,对大角度旋转和大变形的测试物体的测量需要越来越多[69-70]。如被测物体表面发生了较大的刚体转动或者包含转动的大变形,此时如果采用传统的数字图像相关法计算物体表面的变形,在进行相关搜索平移子区时,会因为目标图像子区出现较大转动而产生退相关效应,得到的结果会产生很大的误差,甚至得到与实际情况完全不符的错误结果[71]。有研究表明,当被测对象表面转动角度大于 7°时,传统的相关搜索就会失效,不能得到正确的结果[72-73]。无论是二维测量还是三维测量,在使用数字图像相关法进行测量实验时,都是使用 CCD 或 CMOS 相机对变形物体进行连续的图像拍摄。当物体发生旋转运动时,相机就记录了物体的整个旋转过程,这就导致所拍摄的连续图片中的相邻图片之间的物体旋转角度不是很大。当相邻两幅图片的转动角度较小时,不考虑子区转动的传统的 DIC 可以使用更新参考图的方法进行计算,但更新参考图的方法会导致最终的计算结果出现很大的累计误差。

实际工程上对于旋转物体的测量,都是使用相机在物体变形的过程中进行连续拍摄;当物体高速旋转时,会配合使用高速相机进行测量。这就导致相邻图片之间的角度会小于某个数值,需要研究一种不采用更新参考图的匹配方法,以避免累计误差的出现,同时可以克服传统 DIC 方法在被测试件表面存在大角度转动或包含转动的大变形时不能可靠计算的缺点,且可以用来进行二维与三维的相关匹配,达到拓展 DIC 方法的适用范围的目的。同时,在研究出这种改进的 DIC 算法以后,可以结合高速摄像机,测量高速旋转物体的变形情况。

综上所述,可采用万能试验机对钓钩进行拉力试验,并采用数字图像相关法全程记录钓钩的拉伸过程。

1.4 研究目的和意义

本课题通过利用 ANSYS Workbench(以下简称 ANSYS)等软件对圆型钩、环型钩进行有限元分析,并与拉伸试验结果进行对比,研究的目的和意义在于:

1) 为阐明采用合适的圆型钩在不影响金枪鱼类钓获率的条件下,可以有效减少海龟误捕提供理论基础。

2) ANSYS 模拟数据与试验数据对比分析,验证是否可利用 ANSYS 软件对钓钩力学性能进行分析。

3) 确定钓钩的结构特点及尺寸,阐明钓钩失效的力学原理和作业性能,为钓钩结构优化和材料选择提供参考。

1.5 研究内容和技术路线

1.5.1 研究内容

1) 分析圆型钩、环型钩的结构、技术参数,对圆型钩、环型钩利用 CAD、UG 进行二、三维实体建模,并利用 ANSYS 软件对其进行有限元分析,获得钓钩的等效应力、应变、位移的分布模式和可能的破坏条件和形式。

2) 采用万能试验机对照建模的同结构、同尺寸的钓钩进行拉力试验,并采用数字图像相关法(DIC)全程记录和分析钓钩的应变、位移过程。

3) 实测结果对计算机模拟结果进行验证,并比较圆型钩、环型钩力学特性。

1.5.2 技术路线

本文技术流程见图 1-1-1。

2 不同钓钩力学性能理论分析

2.1 不同钓钩尺寸汇总

生态型钓钩——圆型钩(图 1-2-1)是金枪鱼类钓钩的发展趋势,环型钩(图 1-2-2)为目前需求量最大的金枪鱼类钓钩,故选择两种钓钩及其不同尺寸进行对比分析。钓钩各部位的名称如图 1-2-3,规格型号见表 1-2-1,各部分尺寸见表 1-2-2。

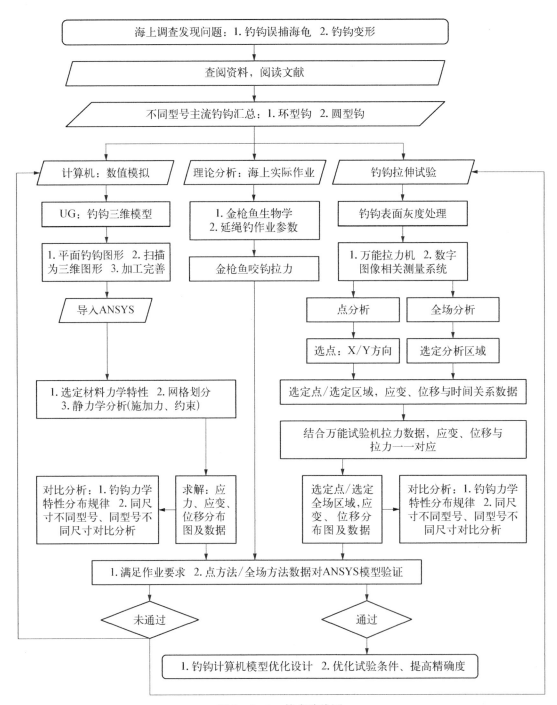

图1-1-1 技术路线图

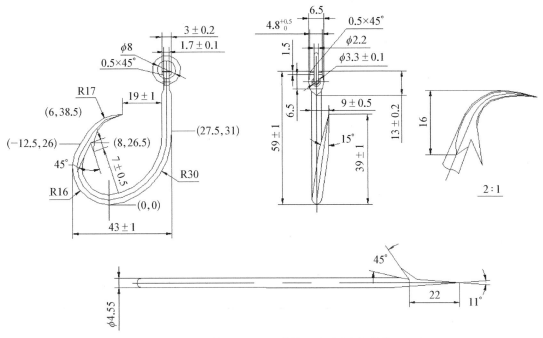

图 1-2-1 圆型钩 14/0-4.5 结构尺寸示意图(单位: mm)

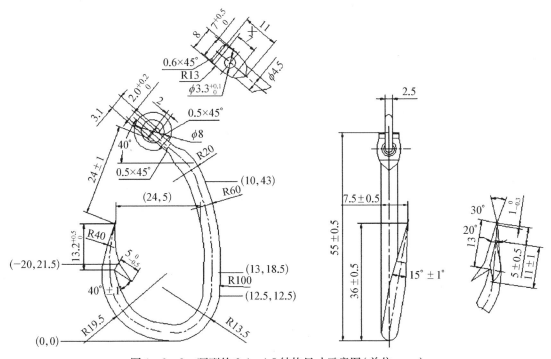

图 1-2-2 环型钩 3.4-4.5 结构尺寸示意图(单位: mm)

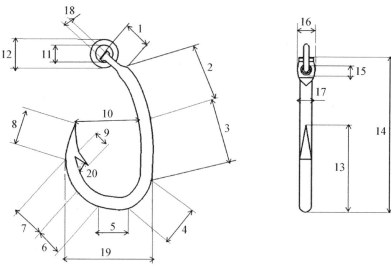

图 1 - 2 - 3　钓钩示意图

1. 钩基　2. 钩柄　3. 钩后轴　4. 后弯　5. 钩底　6. 前弯　7. 钩前轴　8. 尖芒　9. 倒刺　10. 钩腹　11. 钩环内径　12. 钩环外径　13. 尖高　14. 钩长　15. 钩头孔内径　16. 钩头宽　17. 钩轴直径　18. 钩头厚度　19. 钩宽　20. 倒刺角度

表 1 - 2 - 1　圆型钩和环型钩种类

名　称	规 格 型 号	直径/mm
环型钩	3.4 寸	4.5
环型钩	4.2 寸	5.5
圆型钩	13/0	4.5
圆型钩	14/0	4.5

表 1 - 2 - 2　圆型钩和环型钩各部分尺寸 (单位 : mm)

钩型	钩基	钩柄	钩后轴	后弯	钩底	前弯	钩前轴	尖芒	倒刺	钩腹	尖高	钩长	钩头孔内径	钩头宽	钩轴直径	钩宽
3.4	13	18	20	15	13	17	8	14	6	21	36	57	3	8	4.5	32
4.2	14	23	24	18	21	19	11	17	8	25	38	70	4	9	5.5	39
13/0	13	15	15	23	21	13	13	9	8	17	36	53	3	8	4.5	39
14/0	14	18	16	25	24	14	14	11	8	18	39	57	3	8	4.5	41

　　钩前轴长度应按捕捞对象的习性和作业要求选定。通常对牙齿锐利的鱼,钩前轴宜长;行动敏捷的鱼,钩前轴宜短;且装饵和脱鱼要方便[21]。

　　钩底宽,鱼挣扎时易变形,制作时应使尖芒向钩后轴内倾。钩底窄,对鱼类上钩稍不利,但刺挂后不易脱落,而且刺痕小。钓钩各部位的形状和尺寸不同,形成不同的钩型,从而影响钓钩的强度和钓捕效能[21]。

　　尖芒能使钩刺入鱼体,尖芒长,刺鱼可靠。尖芒过分内倾,钓钩容易从鱼口脱出,而且鱼不易上钩。尖芒适度内倾,可使鱼刺入后不易脱钩[21]。

倒刺使装上的饵料和上钩的鱼不易脱落,并有防止鱼吞钩过深而退钩困难等作用[21]。

2.2　钓钩的加载方式与边界条件

钓钩在海水中由支线在轴头孔处拴住,当金枪鱼咬钩时,锋利的尖芒迅速刺穿鱼体嘴颊。根据经验,金枪鱼主要向前冲,导致钓钩主要受到拉压应力;而鲨鱼则疯狂摆头,导致钓钩主要受到弯曲应力。本文主要以金枪鱼咬钩为例,研究拉压外力对钓钩的作用。

鱼体的上颚会沿钓钩的轮廓移动,在这个过程中,钓钩主要受鱼体作用力和支线张力作用。由于支线属于柔性体,钓钩可以绕轴头孔任意转动和移动,因此在有限元分析时钩头孔处可以看作铰链约束。当鱼体的挣扎使支线和干线绷紧时,支线、钩头孔和金枪鱼施加于钓钩的咬钩力在同一条直线上,钓钩受到的外力最大,在此位置进行建模,分析钓钩的应力、应变和变形。为了保证其普遍性,假设此时支线、钓钩以及咬钩力均处于竖直位置。支线绷紧后,如果不再考虑支线的伸长,钓钩在钩头孔处沿竖直方向的位移假设为0。

根据海上作业金枪鱼咬钩实际情况,鱼体咬钩具有区域性和随机性。咬钩力的作用区域主要为钩孔 O 受柔索约束时,钓钩受重力自然垂下的最低点 A 至钩孔与倒刺尖端连线的前弯点 D,即弧 AD。环型钩与圆型钩加载条件类似,如图 1 - 2 - 4。

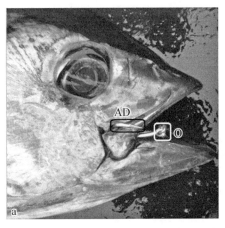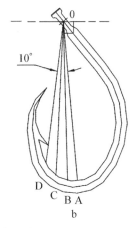

图 1 - 2 - 4　钓钩约束和施力区域

a. 加载实际图　b. 加载示意图
（O）固定端　（AD）主要受力范围

2.3　钓钩力学性能求解公式

（1）绝对变形率

$$\delta_1 = D_x/W \times 100\% \tag{1-2-1}$$

$$\delta_2 = D_y/T \times 100\% \tag{1-2-2}$$

$$\delta_3 = D_f/\sqrt{W^2 + T^2} \times 100\% \tag{1-2-3}$$

式中, D_x 表示 X 方向最大位移量, D_y 表示 Y 方向最大位移量, D_f 表示最大全位移, W 表示钩宽, T 表示钩长。

若计算出的变形率超过12%,则钓钩失去使用价值[21]。

强度:力学上,材料在外力作用下抵抗破坏(如永久变形)的能力;与结构的几何形状、外力的作用形式等有关。强度的试验研究是综合性的研究,主要是通过其应力状态来研究零部件的受力状况以及预测破坏失效的条件和时机。工程常用的是屈服强度和抗拉强度,这两个强度指标可通过拉伸试验测出。

(2) 钓钩强度离差率

$$\Delta S = (S_1 - S_2) / \sqrt{S_1^2 + S_2^2} \times 100\% \qquad (1-2-4)$$

式中, ΔS 表示强度离差率, S_1 表示钓钩1等效应力, S_2 表示钓钩2等效应力。

(3) 力矩

$$M = L \times F \qquad (1-2-5)$$

式中, M 表示力矩, L 表示从固定轴到着力点的距离矢量, F 是矢量力。

(4) 应力与截面面积关系

$$\delta = F_N/A \qquad (1-2-6)$$

式中, δ 表示应力, F_N 表示载荷, A 表示横截面面积。

(5) 钓钩单位长度用料

$$M = \rho \times V = \rho \times (3.14 \times r^2) \qquad (1-2-7)$$

$$\Delta M = (M_1 - M_2)/M_2 \qquad (1-2-8)$$

式中, M 表示钓钩单位长度质量, ρ 表示钓钩密度, r 表示钩轴半径, ΔM 表示用料差值, M_1 表示钓钩1单位长度质量, M_2 表示钓钩2单位长度质量。

3 基于有限元分析的不同钓钩力学性能的比较

本节将采用三维建模软件 UG 对不同钓钩进行建模,采用有限元分析软件 ANSYS Workbench 对钓钩三维模型进行力学模拟,获得钓钩的等效应力、应变、位移的分布模式和可能的破坏形式,并对不同钓钩力学性能进行比较分析。

3.1 材料与方法

3.1.1 不同种类、尺寸金枪鱼类钓钩的 UG 模型

根据表1-2-2的钓钩尺寸,在 UG 内画出钓钩二维图形,并扫掠为三维图形,再对模型进行切削等精加工,以符合实际钓钩的形态。

1) 建立的 UG 模型,如图1-3-1所示。

2) 将 UG 模型导入 ANSYS,得图1-3-2和图1-3-3。

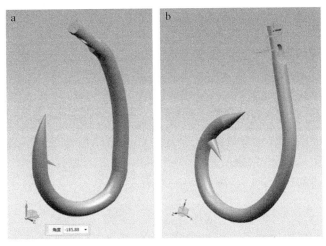

图 1 - 3 - 1　环型钩 3.4 与圆型钩 13/0 UG 模型

(a) 环型钩 3.4 - 4.5　(b) 圆型钩 13/0 - 4.5

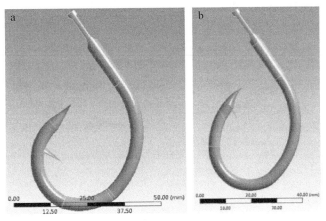

图 1 - 3 - 2　圆型钩 13/0 - 4.5 与 14/0 - 4.5 ANSYS 模型

(a) 圆型钩 13/0 - 4.5　(b) 圆型钩 14/0 - 4.5

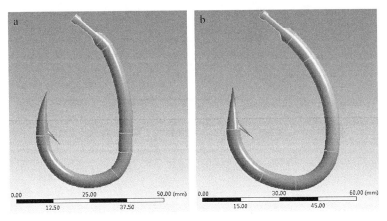

图 1 - 3 - 3　环型钩 3.4 - 4.5 与 4.2 - 5.5 ANSYS 模型

(a) 环型钩 3.4 - 4.5　(b) 环型钩 4.2 - 5.5

3.1.2 钓钩有限元网格模型的建立

钓钩为小型不规则构件,为提高求解效率,在不影响分析结果的前提下,对钓钩的钩基、倒刺、尖芒部位的部分尺寸进行适当简化,如简化尖芒的外形尺寸、倒刺的定位基准等。

钓钩材料为马氏体不锈钢 Cr13,密度 $\rho = 7\,750\ kg/m^3$,弹性模量 $E = 217\ GPa$,泊松比 $\mu = 0.27$,抗拉强度 $1\ GPa$,屈服强度 $0.85\ GPa$。安全系数取 1.3,得许用应力为 $0.65\ GPa$。

根据钓钩实体模型及结构力学特性,采用四面体与六面体结合的方法(钓钩是非规则件)对钓钩结构进行自动精细网格(尺寸为 0.5 mm×0.5 mm)划分。

综上建立圆型钩和环型钩的有限元网格模型(图 1－3－4、图 1－3－5)。

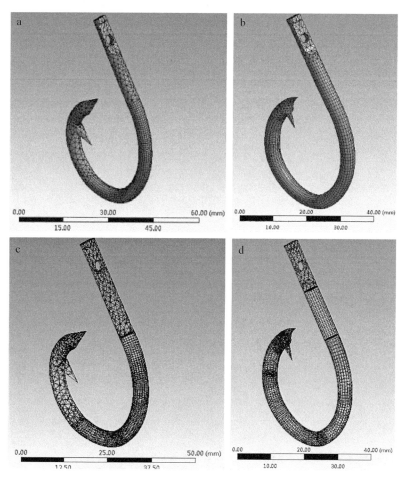

图 1－3－4　圆型钩 13/0－4.5 与 14/0－4.5 有限元网格划分
(a、c) 圆型钩 13/0－4.5　(b、d) 圆型钩 14/0－4.5

3.2　结果

将上文中建立的钓钩网格模型导入 ANSYS Workbench 中的结构静力分析模块中,通过

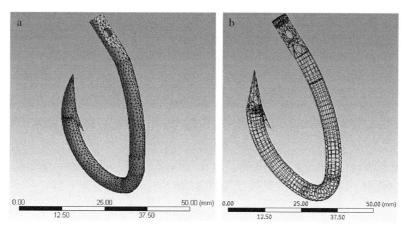

图 1 - 3 - 5　环型钩 3.4 - 4.5 与 4.2 - 5.5 有限元网格划分

（a）环型钩 3.4 - 4.5　（b）环型钩 4.2 - 5.5

施加载荷、设置边界条件,然后进行结构静力学分析得到钓钩的等效应力、应变和变形云图;从等效应力、应变图中可以看出应力、应变分布规律,以此进行强度分析。变形云图可导出总变形云图及沿 X、Y、Z 方向的变形云图,从变形云图中可看出钓钩各部位的绝对变形程度、最大变形量的大小及位置。

3.2.1　圆型钩有限元分析

3.2.1.1　圆型钩 14/0 - 4.5

对圆型钩 14/0 - 4.5 钩底施加拉力 500 N,得等效应变、等效应力云图,全位移、X、Y、Z 方向的位移云图,如图 1 - 3 - 6 所示。

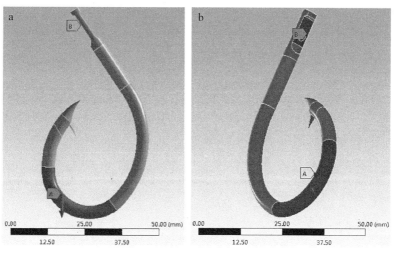

图 1 - 3 - 6　圆型钩 14/0 - 4.5 施加拉力、约束的区域和大小

（a）正侧　（b）斜侧

由图 1－3－6 可知金枪鱼咬钩实际情况及拉伸试验的力和约束分布情况,对钩底和钩前弯区域施加 Y 方向拉力,在钩头孔处施加 Y 方向位移为零的约束。

(1) 应变

由图 1－3－7 可得,圆型钩 14/0－4.5 的等效应变相对较大区域出现在后弯内侧及外侧,内侧约为 7.81×10^{-3},外侧约为 6.57×10^{-3}。等效应变最大值在圆型钩后弯圆弧中心处,且应变分布随后弯应力最大值点向圆弧两侧逐渐减小,内侧较大应变分布区域为 $4.34 \times 10^{-3} \sim 7.81 \times 10^{-3}$,外侧为 $3.34 \times 10^{-3} \sim 6.57 \times 10^{-3}$。而钩前弯、前轴、尖芒、倒刺、钩柄及钩基顶端区域应变较小,约为 3.08×10^{-4}。钩头孔处存在应力集中,应变略大,但由于此区域非研究重点,暂不考虑。由此可看出外载荷主要由圆型钩后弯部分来承担,此时钓钩变形较小,最大约为 0.78%,因此,圆型钩 14/0－4.5 满足强度设计要求。

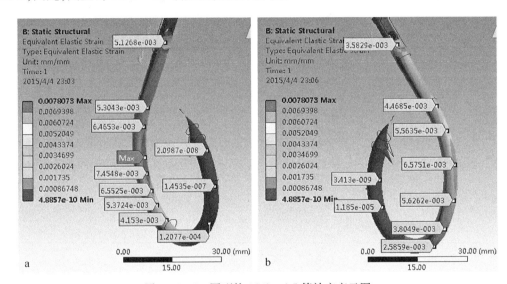

图 1－3－7　圆型钩 14/0－4.5 等效应变云图
(a) 内侧　(b) 外侧

鱼体拉力主要由后弯承受,因此后弯是钓钩的主要受力区域,也是产生变形甚至失效的主要区域,与事实相符,因此钓钩后弯为主要研究区域。

(2) 应力

由图 1－3－8 可得,圆型钩 14/0－4.5 的等效应力较大区域出现在后弯内侧及外侧,主要应力分布区域从钓钩钩后轴、后弯一直延伸至钩底处,钩基底部存在应力集中。内外侧分布规律相同,且先增大后减小,在钩后弯处达到最大,内侧为 1 694.2 MPa,外侧为 1 444.7 MPa。内侧较大应力分布范围为 660.72 ~ 1 694.2 MPa,外侧范围为 260.6 ~ 1 444.7 MPa。而前弯、钩前轴、尖芒、倒刺、钩柄及轴基顶端区域应力较小,约为 $3.53 \times 10^{-4} \sim$ 40.3 MPa。

钓钩后弯及钩底内侧受拉应力,外侧受压应力,内侧应力大于外侧,两侧应力分布相似,拉力为 500 N 时,最大等效应力较大。最大值在圆型钩后弯圆弧中心偏上处,且应力分布随着后弯应力最大值点向圆弧两侧逐渐减小,最小值在尖芒下端,由此可看出外载荷主要由圆型钩后弯部分来承担。

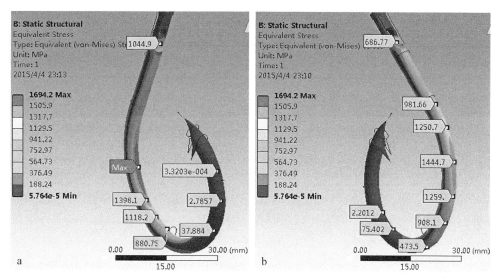

图 1 - 3 - 8　圆型钩 14/0 - 4.5 等效应力云图
(a) 内侧　(b) 外侧

钓钩两侧面应力应变均较小,因此此区域受力较小,可以简化材料使钓钩结构更合理。

(3) 全位移

由图 1 - 3 - 9 可知,圆型钩全位移较大,主要集中在前弯处,且外侧大于内侧,外侧位移最大值约为 5.15 mm,内侧位移最大值约为 4.36 mm。

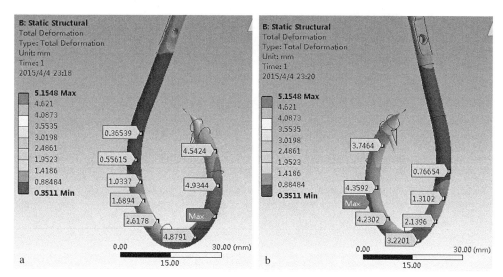

图 1 - 3 - 9　圆型钩 14/0 - 4.5 位移云图
(a) 外侧　(b) 内侧

最大位移率约为 5.15/60 = 8.58%,满足钓钩力学性能设计要求[21]。

当拉力为 500 N 时,圆型钩 14/0 - 4.5 拉伸模拟结果如表 1 - 3 - 1 所示。

表 1 - 3 - 1　拉力为 500 N 时圆型钩 14/0 - 4.5 ANSYS 结果

性　能	面	后弯	前弯	钩底	前轴	后轴	最大值	变化率	区域
应变	内	8×10^{-3}	3×10^{-4}	4×10^{-3}	7×10^{-6}	7×10^{-3}	8×10^{-3}	0.78%	后弯
	外	7×10^{-3}	1×10^{-4}	3×10^{-3}	2×10^{-7}	6×10^{-3}	7×10^{-3}	0.67%	后弯
应力/MPa	内	1 636	52	661	0.26	1 557	1 636		后弯
	外	1 421	12	207	4×10^{-4}	1 130	1 421		后弯
全位移/mm	内	0.1	4.4	4	0.4	1.7	4.4	7.7%	前弯
	外	1.1	5.2	4.7	4.9	0.7	5.2	9.0%	前弯

由表 1 - 3 - 1 得,当拉力达到 500 N 时,由于钓钩结构复杂性和差异性,导致不同种钓钩内侧、外侧应变、位移值不同;但皆为后弯应变相对较大,前弯全位移较大。其中外侧最大变化率为 9.0%<12%,符合标准。

后弯处等效应变最大,变化率为 0.78%。钩前轴以及后弯处部分,无论内外侧都属于较为稳固的地方,因此,可以作为重要区域进行力学分析。其中最为突出的是内侧的前弯和后弯,分别为最易破坏区域以及位移最大区域,为研究重点,且易受力过载。对钓钩结构作相关改进时,此为重要的研究区域,以设计出更加耐用的高抗变钓钩。

3.2.1.2　圆型钩 13/0 - 4.5

对圆型钩 13/0 - 4.5 钩底及前弯施加拉力 500 N,得等效应变、等效应力云图,全位移、X、Y、Z 方向的位移云图,如图 1 - 3 - 10 所示。

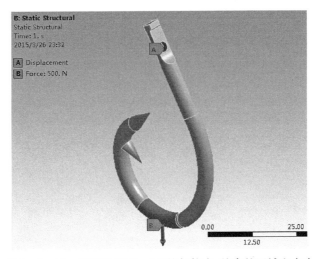

图 1 - 3 - 10　圆型钩 13/0 - 4.5 施加拉力、约束的区域和大小

如图 1 - 3 - 10,根据金枪鱼咬钩实际情况及拉伸试验的力和约束分布情况,对钩底和前弯区域施加 Y 负方向拉力,在钩孔处施加 Y 方向位移为零的约束。

(1) 等效应变

由图 1 - 3 - 11 可得,圆型钩 13/0 - 4.5 的等效应变相对较大区域出现在后弯区域,内侧大于外侧,内侧为 $5.36×10^{-3}$,外侧为 $4.38×10^{-3}$。主要应变分布区域从钓钩钩后轴、后弯一直延伸至钩底上侧处,且先增大后减小,最大在后弯处。内外侧分布规律相同,较大应变分布区域为 $1.79×10^{-3}～5.36×10^{-3}$;而前弯、钩前轴、尖芒、倒刺、钩柄及钩基顶端区域应变较小,约为 $7.09×10^{-11}～5.96×10^{-4}$。钩头孔处存在应力集中、应变略大,但由于此区域非研究重点,暂不考虑。由此可看出外载荷主要由圆型钩后弯部分来承担,约占整体应变的 95%。当拉力为 500 N 时,钓钩应变较小,最大约为 4.77%,未出现塑性变形,因此,圆型钩 13/0 - 4.5 满足强度设计要求。

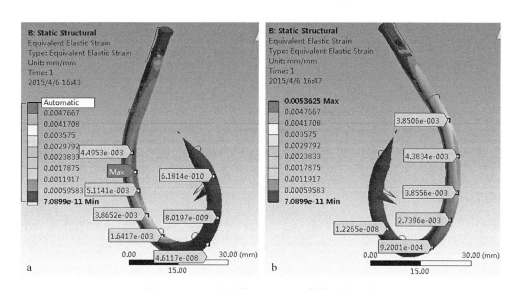

图 1 - 3 - 11　圆型钩 13/0 - 4.5 等效应变云图
(a) 内侧　(b) 外侧

鱼体拉力主要由后弯承受,后弯是钓钩的主要受力区域,也是产生变形甚至失效的主要区域,与事实相符,因此钓钩后弯为主要研究区域。

(2) 等效应力

由图 1 - 3 - 12 可得,圆型钩 13/0 - 4.5 的等效应力较大区域出现在后弯内侧及外侧,主要应力分布区域从钓钩钩后轴、后弯一直延伸至钩底上侧处,轴头孔处不存在明显应力集中。主要应力分布区域从钓钩钩后轴、后弯一直延伸至钩底处,内外侧分布规律相同,且先增大后减小,在后弯上侧近钩后轴处达到最大,最大值为 1 072.5 MPa,小于圆型钩 14/0 - 4.5 的应力(1 694.2 MPa)。较大应力分布范围为 238～1 072.5 MPa,小于 14/0 - 4.5 的应力范围(660.72～1 694.2 MPa)。前弯、钩前轴、尖芒、倒刺、钩柄及钩基区域应力较小,约 $1.07×10^{-5}～119.2$ MPa。

钓钩后弯及钩底内侧受拉应力,外侧受压应力,内侧应力大于外侧,两侧应力分布相似,拉力为 500 N 时,最大等效应力平均值约为 953 MPa。最大值在圆型钩后弯圆弧中心偏上处,且应力分布随着后弯应力最大值点向圆弧两侧逐渐减小;最小值在尖芒下端,由此可看出外载荷主要由圆型钩后弯部分来承担。

钓钩两侧面应力应变均较小,因此此区域受力较小,可以简化材料。

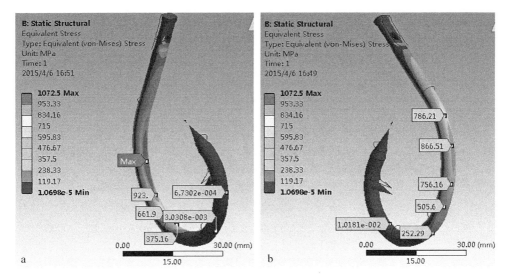

图 1 - 3 - 12　圆型钩 13/0 - 4.5 等效应力云图
(a) 内侧　(b) 外侧

（3）全位移

由图 1 - 3 - 13 可知,圆型钩 13/0 - 4.5 全位移分布与圆型钩 14/0 - 4.5 相似,位移较大,主要集中在前弯处,且外侧大于内侧,外侧位移最大值约为 2.77～3.11 mm,小于 14/0 - 4.5 (位移 5.14 mm);内侧位移最大值约为 2.44～2.77 mm,小于 14/0 - 4.5(最大值 4.39 mm)。最大位移率约为 5.46%,小于 14/0 - 4.5 的位移率(8.58%),满足钓钩力学性能设计要求[2]。

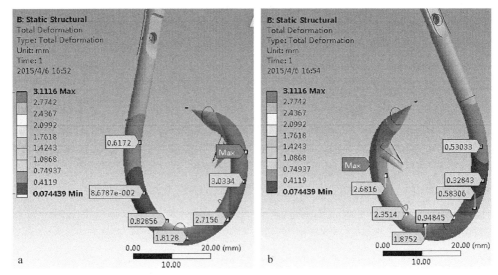

图 1 - 3 - 13　圆型钩 13/0 - 4.5 位移云图
(a) 内侧　(b) 外侧

当拉力为 500 N 时,圆型钩 13/0 - 4.5 的 ANSYS 分析结果如表 1 - 3 - 2 所示。

表 1-3-2　拉力 500 N 时圆型钩 13/0-4.5 ANSYS 分析结果

性　能	面	后弯	前弯	钩底	钩前轴	钩后轴	最大值	变化率	区域
应变	内	0.005	1×10^{-8}	2×10^{-3}	1×10^{-8}	5×10^{-3}	0.005	0.5%	后弯
	外	0.004	8×10^{-9}	9×10^{-4}	6×10^{-10}	4×10^{-3}	4×10^{-3}	0.4%	后弯
应力/MPa	内	1 072.5	662	375.2	0.01	923	1 072.5		后弯
	外	867	3×10^{-3}	252	7×10^{-4}	867	867		后弯
全位移/mm	内	0.087	2.68	1.88	2.68	0.62	2.68	5.2%	前弯
	外	0.33	3.11	1.81	3.03	0.53	3.11	6.1%	前弯

3.2.2　环型钩有限元分析

对环型钩钩底及前弯处施加拉力 500 N,钩头孔处同圆型钩一样,施加 Y 方向位移为零的约束,得到等效应变、应力、全位移分布云图。

3.2.2.1　环型钩 3.4-4.5

环型钩 3.4-4.5 的应力、应变、位移特征与圆型钩相似,后弯和钩后轴是环型钩应力应变集中区域,后弯是环型钩的主要受力区域,也是易产生失效的主要区域。钩钩整体最大位移出现在钓钩前弯外侧。

根据图 1-3-14 金枪鱼咬钩实际情况及拉伸试验的力和约束分布情况,对钩底和前弯区域施加负 Y 方向拉力,在钩孔处施加 Y 方向位移为零的约束。

（1）等效应变

将环型钩 3.4-4.5 与圆型钩 14.0-4.5 进行比较。由图 1-3-15 可得,环型钩 3.4-4.5 的等效应变相对较大区域出现在后弯区

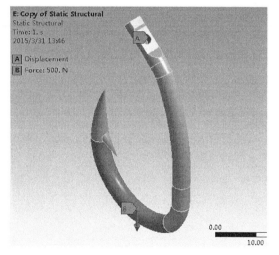

图 1-3-14　环型钩 3.4-4.5 施加拉力、约束的区域和大小(500 N)

域,内侧大于外侧,内侧约为 5.34×10^{-3},小于圆型钩 14/0-4.5 的 7.81×10^{-3};外侧约为 4.54×10^{-3},小于圆型钩 6.68×10^{-3}。

等效应变最大值在环型钩后弯圆弧中心处,且等效应变分布随着后弯应变最大值点向圆弧两侧逐渐减小,应变整体较大区域维持在钩底至钩后轴。内侧较大应变分布区域为 $3.09\times10^{-3}\sim5.34\times10^{-3}$,小于圆型钩 $4.34\times10^{-3}\sim7.81\times10^{-3}$;外侧较大应变分布区域为 $3.56\times10^{-3}\sim4.54\times10^{-3}$。而前弯、钩前轴、尖芒、倒刺、钩柄及轴基顶端区域应变较小,约为 4.32×10^{-4}。轴头孔处及钩基下侧存在应力集中,应变略大,主要由于此区域为钻孔边缘;但由于此区域非研究重点,暂不考虑。

同圆型钩 14/0-4.5 一样,鱼体拉力主要由后弯承受,后弯是钓钩的主要受力区域,也是

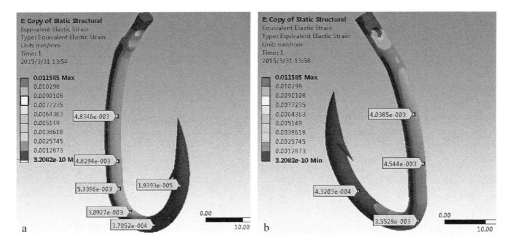

图 1-3-15　环型钩 3.4-4.5 等效应变云图
(a) 内侧　(b) 外侧

产生变形甚至失效的主要区域,与事实相符,因此钓钩后弯为主要研究区域。

由此可看出外载荷分布和圆型钩相同,由后弯部分承担;但在外界拉力相同情况下,总体变形环型钩小于圆型钩,即在 500 N 拉力、用料相同情况下,环型钩结构性能优于圆型钩。

(2) 等效应力

将环型钩 3.4-4.5 与圆型钩 14/0-4.5 进行比较,由图 1-3-16 可得,在与圆型钩承受相同载荷 500 N 的情况下,应力分布特征与圆型钓钩类似,应力分布随着后弯最大值点沿钓钩轴线向钩底、钩柄处逐渐减小,最大等效应力出现在环型钩后弯圆弧中心处,环型钩 3.4-4.5 的等效应力最大值为 1 164 MPa,小于圆型钩 14/0-4.5 的应力 1 694 MPa,大于 13/0-4.5 的应力 1 072.5 MPa;而尖芒、倒刺、钓钩前弯及钩柄顶端区域几乎不受力,钩头与钩轴连接处存在应力集中,应力略大。由此可看出外载荷主要由环型钩后弯承担。

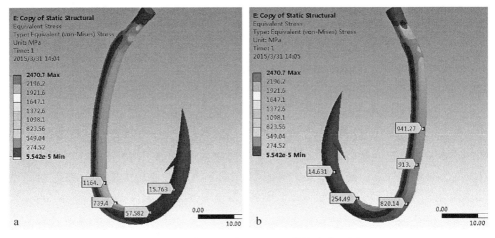

图 1-3-16　环型钩 3.4-4.5 等效应力云图
(a) 内侧　(b) 外侧

钓钩后弯及钩底内侧受拉应力,外侧受压应力,内侧应力大于外侧,两侧应力分布相似,最大值在圆型钩后弯圆弧中心处,由此可看出外载荷主要由圆型钩后弯部分来承担。

说明在外界拉力相同的情况下,环型钩3.4-4.5应力、应变均小于圆型钩14/0-4.5,大于圆型钩13/0-4.5;即环型钩3.4-4.5结构强度优于圆型钩14/0-4.5,劣于圆型钩13/0-4.5。

钓钩两侧面应力、应变均较小,因此此区域受力较小,可以简化材料。

(3) 全位移

由图1-3-17可知,环型钩3.4-4.5全位移分布与圆型钩13/0-4.5、14/0-4.5相似,均较大,主要集中在前弯处,且外侧大于内侧,外侧位移最大值为3.15~3.52 mm,大于圆型钩13/0-4.5位移2.77~3.11 mm,小于圆型钩14/0-4.5位移5.15 mm。内侧位移最大值为2.62~2.84 mm,大于圆型钩13/0-4.5位移2.44~2.77 mm,小于圆型钩14/0-4.5位移4.34 mm。最大位移率约为6.4%,大于圆型钩13/0-4.5的位移率5.46%,小于圆型钩14/0-4.5位移率8.58%,满足钓钩力学性能设计要求。

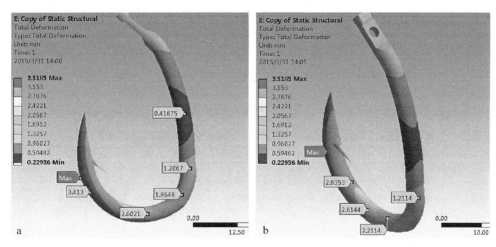

图1-3-17 环型钩3.4-4.5的位移云图(500 N)

(a) 外侧 (b) 内侧

当拉力为500 N时,环型钩3.4-5.5的ANSYS分析结果如表1-3-3所示。

表1-3-3 拉力为500 N时环型钩3.4-4.5 ANSYS钓钩分析结果

性能	面	后弯	前弯	钩底	钩前轴	钩后轴	最大值	变化率	区域
应变	内	5.34×10^{-3}	4×10^{-4}	4×10^{-4}	2×10^{-5}	5×10^{-3}	5.34×10^{-3}	0.78%	后弯
	外	4.5×10^{-3}	2×10^{-5}	4×10^{-3}	2×10^{-5}	4×10^{-3}	4.54×10^{-3}	0.5%	后弯
应力/MPa	内	1 164	254	576	15	950	1 164		后弯
	外	913	16	820	16	941	941		钩后轴
全位移/mm	内	1.2	2.6	2.2	2.8	0.4	2.8	5%	前轴
	外	1.2	3.4	2.6	3.5	1.2	3.5	6.37%	钩前轴

3.2.2.2 环型钩4.2-5.5

钓钩拉伸模型如图1-3-18所示: 对圆型钩钩底施加拉力800 N,得等效应变、等效应

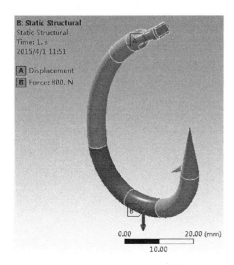

图1-3-18　环型钩4.2-5.5施加拉力、
约束的区域和大小(800 N)

力云图,全位移、X、Y、Z方向的位移云图。

图1-3-18为金枪鱼咬钩实际情况及拉伸试验的力和约束分布情况,对钩底和前弯区域施加Y方向拉力,在钩头孔处施加Y方向位移为零的约束。

(1)等效应变

由图1-3-19可得,环型钩4.2-5.5的等效应变相对较大区域出现在钩后弯内侧及外侧,内侧约为1.98×10^{-3},外侧约为1.71×10^{-3}。等效应变最大值在圆型钩后弯圆弧中心处,且应变分布随后弯应力最大值点向圆弧两侧逐渐减小,内侧较大应变分布区域为$1.23 \times 10^{-3} \sim 2.0 \times 10^{-3}$,外侧为$1.30 \times 10^{-3} \sim 1.7 \times 10^{-3}$;而前弯、钩前轴、尖芒、倒刺、钩柄及钩基顶端区域应变较小,约为5.35×10^{-7}。钩头孔处存在应力集中,应变略大,但由于此区域非研究重点,暂不考虑。由此可看出外载荷主要由圆型钩后弯部分来承受,此时钓钩相对变形较小,最大约为0.2%,未出现塑性变形,因此,环型钩4.2-5.5满足强度设计要求。

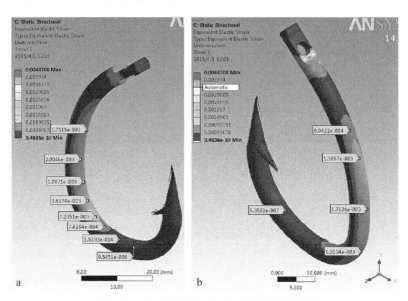

图1-3-19　环型钩4.2-5.5等效应变云图
(a)内侧　(b)外侧

鱼体拉力主要由后弯承受,后弯是钓钩的主要受力区域,也是产生变形甚至失效的主要区域,与事实相符,因此应该将钓钩后弯作为主要研究区域。

(2)等效应力

由图1-3-20得,环型钩4.2-5.5的等效应力较大区域出现在后弯内侧及外侧,主要应力分布区域从钓钩钩后轴、后弯一直延伸至钩底处,钩底部存在应力集中。主要应力分布区域从钓钩钩后轴、后弯一直延伸至钩底处,内外侧分布规律相同,且先增大后减小,在后弯处达到最大, 内侧为 373.8 MPa, 外侧为 344 MPa。内侧较大应力分布范围为 121.8~ 373.8 MPa, 外侧范围为 114.1~344 MPa。前弯、钩前轴、尖芒、倒刺、钩柄及钩基顶端区域应力较小, 为 1.9~17.7 MPa。

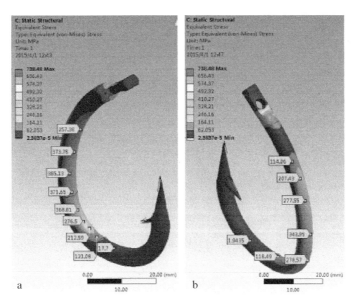

图 1 - 3 - 20　环型钩 4.2 - 5.5 等效应力云图
(a) 内侧　(b) 外侧

钓钩后弯及钩底内侧受拉应力, 外侧受压应力, 内侧大于外侧, 两侧应力分布相似, 拉力为 800 N 时, 最大等效应力约为 539.4 MPa, 其值较大。最大值在圆型钩后弯圆弧中心偏上处, 且应力分布随着后弯应力最大值点向圆弧两侧逐渐减小, 最小值在尖芒下端, 由此可看出外载荷主要由圆型钩后弯部分承担。

钓钩两侧面应力、应变均较小, 因此此区域受力较小, 可以简化材料使钓钩结构更合理。

(3) 全位移

由图 1 - 3 - 21 可知, 圆型钩全位移较大, 主要集中在尖芒及钩前轴处, 且外侧大于内侧, 外侧位移最大值约为 0.86 mm, 内侧位移最大值约为 0.77 mm。

钓钩整体最大变形量, 在 x 轴、y 轴和 z 轴的最大变形量, x 轴和 y 轴的最大变形率见表 1 - 3 - 4。由表 1 - 3 - 4 可看出环型钩的主要变形集中在 x 轴方向。

表 1 - 3 - 4　拉力 800 N 时环型钩 4.2 - 5.5 ANSYS 钓钩分析结果

		后弯	前弯	钩底	钩前轴	钩后轴	最大值	变化率	区域
应变	内	$2×10^{-3}$	$2×10^{-4}$	$7×10^{-4}$	$10×10^{-6}$	$2×10^{-3}$	$2×10^{-3}$	0.2%	后弯
	外	$1×10^{-3}$	$1×10^{-3}$	$2×10^{-3}$	$5×10^{-6}$	$8×10^{-4}$	$2×10^{-3}$	0.18%	钩底
应力/MPa	内	365	369	372	18	374	374		钩后轴
	外	344	119	279	2	278	344		后弯
全位移/mm	内	0.27	0.41	0.29	0.77	0.26	0.77	1.1%	钩前轴
	外	0.38	0.54	0.47	0.86	0.27	0.86	1.3%	钩前轴

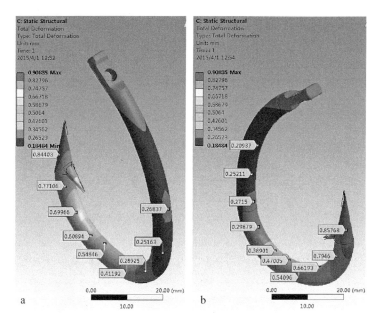

图 1-3-21 环型钩 4.2-5.5 的位移云图

(a) 内侧 (b) 外侧

　　综上所述,钓钩各关键部位应变、应力、全位移见表 1-3-1、表 1-3-2、表 1-3-3、表 1-3-4,最大变形量均未超过 12%,基本满足钓钩强度性能设计要求[76]。

3.2.3　圆型钩 14/0-4.5 与环型钩 3.4-4.5 力学性能比较

　　圆型钩 14/0-4.5 与环型钩 3.4-4.5 拉力为 500 N 和 800 N 时的力学性能比较见表 1-3-5 和表 1-3-6。

表 1-3-5　拉力 500 N 时圆型钩 14/0-4.5 与环型钩 3.4-4.5 ANSYS 模拟结果对照表

性　能	方向	14/0-4.5	区域	3.4-4.5	区域	定性	离差率	卡方
应变	全	0.007 9	后内	0.007 8	后内		0.9%	
应力/MPa	全	1 636	后内	1 164	后内		23.5%	
	X	3.9	底外	2.6	底	一致	27.7%	0.9
位移/mm	Y	-4.9	前外	-3.5	前弯/轴		-23.2%	
	全	5.2	前外	3.5	前弯/轴		27.1%	

注:全——全位移,X——X方向位移,Y——Y方向位移,后内——后弯内侧,底外——钩底外侧,前外——前弯外侧,底——钩底。

表 1-3-6　拉力 800 N 圆型钩 14/0-4.5 与环型钩 3.4-4.5 ANSYS 模拟结果对照表

性　能	方向	14/0-4.5	区域	3.4-4.5	区域	定性	离差率	卡方
应变	全	0.013	后弯	0.017	后弯内		-18.7%	
	X	6.3	底	4.2	底后	一致	27.6%	
位移/mm	Y	-7.8	钩前轴	-5.6	钩前轴		-22.6%	0.9
	全	8.2	前弯	5.6	钩前轴		26.2%	

注:全——全位移,X——X方向位移,Y——Y方向位移,底后——钩底后侧,底——钩底。

由表 1-3-5、表 1-3-6 得,当拉力分别为 500 N、800 N 时,应力、应变、位移较大的区域均一致,应变较接近,离差率较低;但圆型钩 14/0-4.5 的应力、位移均大于环型钩 3.4-4.5,离差率高,分别约为 23.5%、27.1%。说明用料直径基本相等的情况下,圆型钩 14/0-4.5 比环型钩 3.4-4.5 易于破坏和变形,强度较低,即圆型钩 14/0-4.5 结构性能劣于环型钩 3.4-4.5。

3.2.4　圆型钩 14/0-4.5 与圆型钩 13/0-4.5 力学性能比较

根据以上圆型钩有限元分析结果,两种圆型钩的力学性能比较,如表 1-3-7 所示。

表 1-3-7　圆型钩力学性能对照表

拉力 500 N		变化率	最大区域
圆型钩 14/0-4.5	等效应变	0.78%	后弯内侧
	全位移/mm	9.02%	前弯外侧
圆型钩 13/0-4.5	等效应变	0.54%	后弯内侧
	全位移/mm	6.08%	前弯外侧

首先将圆型钩 14/0-4.5 与圆型钩 13/0-4.5 在拉力 500 N 时进行比较。由表 1-3-7 可见,在圆型钩承受相同载荷 500 N 的情况下,应力分布特征两者相似,两者的最大等效应变和最大等效应力最大区域都是后弯部分,而全位移的最大区域都是在前弯。圆型钩 14/0-4.5 的最大等效应变率为 0.78%,而圆型钩 13/0-4.5 的最大等效应变率为 0.54%;圆型钩 14/0-4.5 的最大全位移变化率是 9.02%,而圆型钩 13/0-4.5 的最大全位移变化率是 6.08%。

综上,圆型钩 13/0-4.5 的最大等效应变率和最大全位移变化率都小于圆型钩 14/0-4.5,所以圆型钩 13/0-4.5 钓钩抗拉性能要优越于圆型钩 14/0-4.5。

3.2.5　环型钩 4.2-5.5 与环型钩 3.4-4.5 力学性能比较

根据以上环型钩有限元分析结果,两种环型钩的力学性能比较,如表 1-3-8 所示。

表 1-3-8　环型钩力学性能对照表

		最大值	变化率	最大区域
环型钩 3.4-4.5	等效应变	0.007 8	0.78%	后弯内侧
	应力/MPa	1 164		后弯内侧
	全位移/mm	3.52	6.37%	钩前轴外侧
环型钩 4.2-5.5	等效应变	0.001 8	0.18%	后弯内侧
	应力/MPa	373.78		钩后轴内侧
	全位移/mm	0.79	1.31%	钩前轴外侧

环型钩 3.4-4.5 在拉力 500 N 时与环型钩 4.2-5.5 在拉力 800 N 时进行比较。由表 1-3-8 可得,在两者承受不同载荷的情况下,应力分布特征两者仍然相似,两者的最大等效应变和最大等效应力最大区域都是后弯部分,而全位移的最大区域都是在前弯。环型钩

3.4 - 4.5 的最大等效应变率为 0.46%,而环型钩 4.2 - 5.5 的最大等效应变率为 0.18%;环型钩 3.4 - 4.5 的最大全位移变化率是 6.37%,而环型钩 4.2 - 5.5 的最大全位移变化率是 1.31%。

环型钩 4.2 - 5.5 钩轴直径比 3.4 - 4.5 增加 22.22%,等效应变减小了 76.92%,等效应力减小了 67.89%,全位移减小了 77.56%。

综上,即使环型钩 4.2 - 5.5 的作用力大于环型钩 3.4 - 4.5,且环型钩 4.2 - 5.5 大于 3.4 - 4.5。但环型钩 4.2 - 5.5 的最大等效应变率和最大全位移变化率都小于环型钩 3.4 - 4.5,所以环型钩 4.2 - 5.5 钓抗拉性能要优越于环型钩 3.4 - 4.5;即增大钩轴直径对钓钩的性能有很大提高。

3.3 讨论

3.3.1 数值模拟与实际作业情况差异分析

钓钩在受拉力为 500 N、800 N 作用时,最大等效应力偏大。这是由于简化模型,假设鱼体咬钩力是作用于钩底和前弯的一定区域,而实际作业中,咬钩力因鱼嘴具有一定宽度,是一个分布力,受力范围大于建模的受力范围,故应力值比模型值要小。

钩底前侧在受力应变时的变化最为明显,并且,在后弯内侧时其受力分布较为集中;而在实际作业中,因鱼体的反抗在刚受力时,变化较为剧烈,且挣脱力情况比较复杂。ANSYS 对模拟实际金枪鱼咬钩具有显著的参考意义,且可对钓钩优化设计提供方案。

当拉力由小到大变化时,如由 500 N 到 800 N 时,可以根据 ANSYS 图像较为直观地看出钓钩力学特性、结构变化情况。对实际不同大小金枪鱼咬钩的变形趋势可提供参考依据,以避免脱钩。

3.3.2 圆型钩 14/0 - 4.5 与环型钩 3.4 - 4.5 力学性能分析

圆型钩 14/0 - 4.5 后弯弧长、半径分别为 25 mm、30 mm,环型钩 3.4 - 4.5 分别为 15 mm、13.5 mm。弧长、半径比分别为 1.67:1、2.2:1。当钓钩受拉时,圆型钩 14/0 - 4.5 应力主要集中于后弯,而环型钩 3.4 - 4.5 最大应力范围为后弯及钩后轴区域,圆型钩 14/0 - 4.5 主要应力范围小于环型钩 3.4 - 4.5。故当拉力相同时,圆型钩 14/0 - 4.5 应力相对较大。

圆型钩 14/0 - 4.5 钩底宽度为 24 mm,环型钩 3.4 - 4.5 为 13 mm。钩底宽度比为 1.85:1。且当钓钩受重力自然垂下时,圆型钩 14/0 - 4.5 前弯在最低点,环型钩 3.4 - 4.5 后弯在最低点。圆型钩 14/0 - 4.5 前弯弧长及半径较小,弧度较大。而环型钩 3.4 - 4.5 前弯弧长及半径较大,弧度较小。故当钓钩受拉时,圆型钩 14/0 - 4.5 钩前轴及尖芒等区域比环型钩 3.4 - 4.5 更早受到影响而变形。

3.3.3 圆型钩 14/0 - 4.5 与圆型钩 13/0 - 4.5 力学性能分析

钓钩受力形式类似于悬臂梁,即钩环端看作不产生轴向、垂直位移和转动的固定支座,钩底端为自由端。圆型钩 13/0 - 4.5 与圆型钩 14/0 - 4.5 几何形状和钩轴直径相同。故钓钩后弯区域力矩与由于力矩引起的应力呈正相关关系[85]。

当拉力相同时,圆型钩 13/0 - 4.5 比圆型钩 14/0 - 4.5 偏小,即圆型钩 13/0 - 4.5 钩宽、钩长小,导致后弯力矩小,引起的应力小,故圆型钩 13/0 - 4.5 强度较高。同理,圆型钩 13/0 - 4.5 钩前轴及尖芒区域力矩小于圆型钩 14/0 - 4.5,故圆型钩 13/0 - 4.5 由力矩引起的变形比圆型钩 14/0 - 4.5 小。

但由于圆型钩较小,无法起到防止误捕海龟的作用,故生态型圆型钩多以 14/0 - 4.5 研究为主。

3.3.4　环型钩 4.2 - 5.5 与环型钩 3.4 - 4.5 力学性能分析

钓钩受力形式类似于拉压杆模型,即作用于钓钩的外力的作用线与钓钩的轴线重合,钓钩只能产生轴向拉伸或压缩。

由公式 1 - 2 - 6 得,当拉力不变时,材料应力与横截面面积呈反比关系。环型钩 4.2 - 5.5 与环型钩 3.4 - 4.5 为同系列钓钩,形状相同。且环型钩 4.2 - 5.5 钩轴横截面面积是环型钩 3.4 - 4.5 的 1.5 倍,故环型钩 4.2 - 5.5 应力、应变小于环型钩 3.4 - 4.5。环型钩 4.2 - 5.5 强度大于环型钩 3.4 - 4.5,故当受力相同时,环型钩 4.2 - 5.5 变形较小,即位移较小。

4　基于拉伸试验的不同钓钩力学性能比较

本节为了验证 ANSYS 钓钩分析得出的结果,采用万能试验机对钓钩进行拉伸试验,对不同钓钩的力学性能进行了测试并比较。利用数字图像相关法全程记录钓钩拉伸过程,并通过点分析方法和全场分析方法得出钓钩应变、位移与时间、拉力的关系及分布图。

4.1　材料与方法

4.1.1　万能试验机

本节钓钩试验采用 WDW - 100 微机控制电子万能试验机,完成钓钩的拉伸、压缩、弯曲、剪切等多种力学性能试验。

该万能试验机完全满足国家标准 GB/T228 - 2002《金属材料室温拉伸试验方法》的要求。

选取一系列环型钩与圆型钩在万能试验机上进行拉伸实验,测试钓钩的结构强度。实验仪器性能参数见表 1 - 4 - 1。

表 1 - 4 - 1　试验仪器性能参数

范围	精度	位移	准确度	调速	试验空间	主机	主机尺寸	重量	环境
0 ~ 100 kN	1 级	0.01 mm	±1%	0.01 ~ 500 mm/min	600 mm	门式	740 mm× 500 mm× 2 000 mm	500 kg	45℃, 湿度 20% ~ 80%

试验方法:① 用尺寸合适的钢丝绳分别固定好钓钩的上下两端,并分别挂到拉力机的上下受力点;② 启动开关,按照设计速度(15 mm/min)将钓钩拉伸至明显变形;③ 采用数字图像相关法全程记录钓钩拉伸过程。

钓钩拉伸试验测试系统如图 1 - 4 - 1 所示:

图 1-4-1　钓钩拉伸试验测试系统
（A）夹具　（B）摄像头　（C）升降机　（D）摄像控制器　（E）试验机控制器　（F）喷漆

4.1.2　立体视觉与数字图像相关法被测物要求

数字图像相关法在单相机系统下只能用于测量平面物体的面内位移,对测试系统及被测物体有以下几点要求:

1）被测物体表面具有随机分布的灰度特征用于相关匹配。

2）被测物体表面应是一个平面或近似一个平面。

3）被测物体在离面方向的变形量非常小,其变形主要发生在面内。

4）测试系统中的摄像机靶面要与被测物体表面平行。

5）测量过程中物体表面同一点的图像灰度保持不变。

对于第1个条件,一般可以使用激光或喷漆形成人工散斑,也可以利用试件表面的自然灰度特征。对于其他条件,在实验过程中虽然无法完全满足,但也可以通过一些方法使其尽量满足。对于条件2,可以在实验前将试件用砂纸等打磨使其近似为平面。对于条件3,可以对试件进行预加载荷,拉直其表面后再次夹持,减少实验时由于试件表面折曲而引起的离面变形,特别是比较薄的材料;以上两点要视具体实验而定。对于条件4,只能通过人工经验来判断,相机三角架上的水平仪也可以提供一定的帮助。对于条件5,也能满足。

4.1.3　使用单相机测试钓钩的应力应变

低碳钢是工程中广泛应用的金属材料,其应力-应变图具有典型意义。

将该 DIC 系统用于钓钩拉伸试验中。首先,仿照机械引伸的工作原理,开发基于二维数字图像相关法的光学引伸计。光学引伸计通过跟踪平面钓钩上的点对,根据点对间的长度变化计算应变。光学引伸计在一般配置的计算机设备下可以实现有限点对的快速跟踪计算,从而实现实时变形测量。本光学引伸计系统实现了对两个方向应变的实时监控或对个别点的实时位移跟踪,其测量的最高频率为每秒 20 帧。其次,结合体视显微镜,对钓钩全场定量测量。

最后测量在加载过程中钓钩的位移及应变分布图,计算成形极限应变曲线中的主次应变值。数字图像相关法的处理对象是数字化的散斑图像,它直接从物体表面的随机斑点或由其引起的散斑场中提取信息,避免了传统的逐点和全场分析法利用干涉条纹提取信息的不便,其测量精度和灵敏度不受条纹对比度和灵敏度的影响。此处,散斑图像是指一类含随机斑点分布结构的图像,散斑指图像中的随机斑点结构可以由激光照在漫反射表面干涉产生(激光散斑),也可由特殊涂料喷涂在试件表面形成(人工散斑),甚至某些材料表面的花纹(如花岗岩、金属等)也能直接构成散斑(天然散斑)。

综上所述,数字图像相关法具有全场非接触测量、稳定性高、可测量范围广、易实现自动化处理等特点,适用于钓钩拉伸试验。

(1)材料准备

该实验选用金枪鱼类钓钩,材料为马氏体不锈钢 Cr13,在表面喷涂均匀的散斑,用钢丝绳将钓钩两端在万能试验机上夹紧。根据环境调整光源,在试件前段架设 DIC 实验所需的相机并进行聚焦,调试清晰度、亮度以保证能看到有特征的散斑点,方便图像后期处理。

(2)亚像素迭代法

Newton-Raphson 法(以下简称 NR)是非线性方程组的迭代解法为最著名、最有效的数值方法之一。在实际应用中,常常是首选的方法。因为 NR 算法比较简单,若初始值充分接近于解,则 NR 法的收敛速度很快,适用于平面变形测量。

适用于平面变形测量的 NR 算法:

首先,建立目标图像子区域与参考图像子区域中各点的对应关系。

如图 1-4-2,目标图像子区域中 P^* 和 Q^* 点为参考图像子区域中 P 和 Q 点变形后的

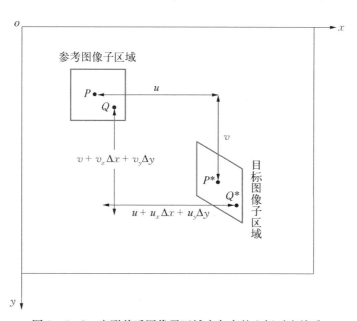

图 1-4-2　变形前后图像子区域中各点的坐标对应关系

点,其坐标 $P^*(x_0^*, y_0^*)$ 与 $Q^*(x^*, y^*)$ 通过一阶形函数与 $P(x_0, y_0)$, $Q(x, y)$ 一一对应,见公式(1-4-1)。图像子区域大小为:$(2N+1) \times (2N+1)$。

图1-4-2变形前后图像子区域中各点的坐标对应关系为:

$$x^* = x + u + \frac{\partial u}{\partial x}\Delta x + \frac{\partial u}{\partial y}\Delta y$$

$$y^* = y + v + \frac{\partial v}{\partial x}\Delta x + \frac{\partial v}{\partial y}\Delta y$$

$$(1-4-1)$$

其中,u, v 分别为参考图像子区域中心点 P 在 x 及 y 方向上到目标图像子区域中心点 P^* 的位移,u_x, u_y, v_x, v_y 为图像子区域的位移梯度。$\Delta x, \Delta y$ 为参考图像子区域中点 $Q(x, y)$ 到其中心点 $P(x_0, y_0)$ 在 x 和 y 方向上的距离。

4.1.4 位移及应变测量

通过基于 NR 算法的亚像素迭代法可以获得试件上各点在不同时刻的变形参数 $\vec{P} = \{u, v, u_x, u_y, v_x, v_y\}^T$,其中 u, v 是像素位移值,通过比例转换得到实际物理位移值。u_x, u_y, v_x, v_y 为一阶位移导数,通过这些位移导数可直接计算应变值,$\varepsilon_{xx} = u_x$,$\varepsilon_{yy} = v_y$,$\gamma_{xy} = u_y + v_x$。但是直接通过 NR 算法获得的应变参数具有较大误差,这里,利用基于位移场局部最小二乘拟合的方法来确定各点的应变值。

4.2 结果

4.2.1 圆型钩

对钓钩进行拉力试验时,上端用钢丝绳系在钩环内,且保持静止,下端系在钩底及前弯处,以 15 mm/min 速度向下拉钓钩。初始状态保持钢丝绳处于绷紧状态,但应力值应较小。

由实际作业情况得,金枪鱼最大动拉力约为 1 200 N,故此试验中拉力值选择到 1 200 N 及以上进行分析即可。

图1-4-3为圆型钩14/0-4.5第1 s、20 s、28 s、45 s钓钩拉伸变形图。由图1-4-3可得,应变较大区域为后弯、钩底后侧区域。位移较大区域为前弯,钩柄、钩基区域位移、应变均较小。故选定后弯、钩后轴、钩底为研究重点,钩柄、钩基、尖芒可稍做研究,以简化模型。前弯、钩前轴由于技术原因,暂不研究。

此种构型选择 1 200 N 作为拉力上限。由点分析得,当试验开始第 45 s 时,拉力值为 1 200 N。由图1-4-3得,第 45 s 时钓钩已产生塑性变形。故选择第 0~45 s 进行点分析和全场分析。

（1）点分析

由于钩底、后弯的应变、应力较大,为研究重点,且钢丝绳随着拉力增大,向钓钩尖芒方向移动,导致无法分析,故选点分析区域为钢丝绳与钓钩接触点后侧。位移运算只需单点即可,应变运算需相邻两点,且选点时,选择平行两点测 X 方向应变;选择竖直两点,测 Y 方向

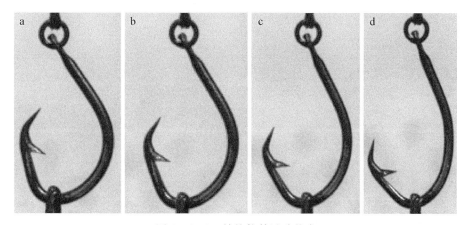

图 1 - 4 - 3　钓钩拉伸试验状态

(a) 第 1 s　(b) 第 20 s　(c) 第 28 s　(d) 第 45 s

应变。选点顺序皆为由低点向高点选取。

1) 位移分析

由图 1 - 4 - 4 得,在后弯、钩底选择点进行位移分析。选点顺序为由低点向高点,最下侧为第 1 点,最上侧为第 18 点。选择点 1(钩底前侧)、5 (钩底后侧)、12(后弯)、18(后弯后侧)四个区域具有代表性的四点进行位移分析,结果见图 1 - 4 - 5。

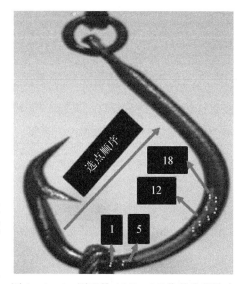

由图 1 - 4 - 5 得,点 1、5、12、18,全位移、X 方向、Y 方向位移分布规律相似。拉力 0~800 N 范围内,拉力-全位移近似线性关系,可以用有限元方法进行模拟分析。全位移点 1、点 5 比点 12、点 18 斜率略低,即当拉力值相同时,后弯向钩底方向全位移依次减小,也即钩底前侧位移较大,钩底后侧位移较小,点 1、5、12、18,Y 方向位移与 X 方向较接近。

图 1 - 4 - 4　圆型钩 14/0 - 4.5 位移分析选点

a

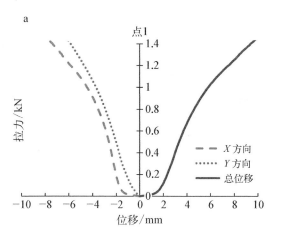

b

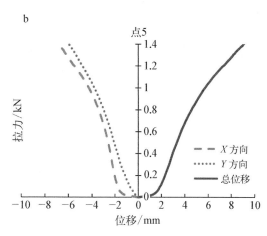

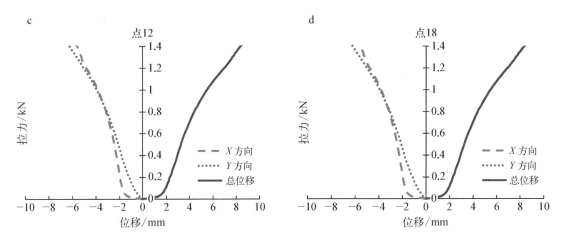

图 1-4-5 圆型钩 14/0-4.5 点方法 X、Y 方向和全位移拉力-位移分布图

(a) 点 1 (b) 点 5 (c) 点 12 (d) 点 18

2) 应变分析

X 方向选点: 如图 1-4-6 所示。

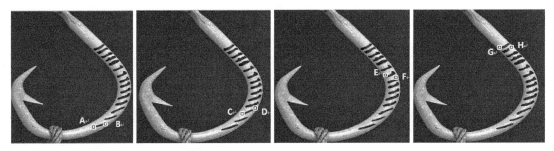

图 1-4-6 圆型钩 14/0-4.5 X 方向应变分析选点

Y 方向选点: 如图 1-4-7 所示。

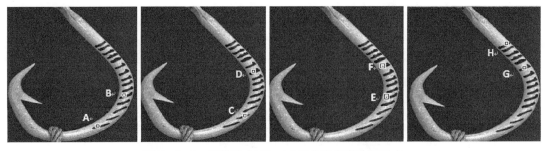

图 1-4-7 圆型钩 14/0-4.5 Y 方向应变分析选点

圆型钩 14/0-4.5 X、Y 方向应变-拉力关系曲线分别见图 1-4-8、图 1-4-9。

由图 1-4-8 得,当拉力为 0~0.8 kN 时,X 方向应变点 A-B、点 C-D、点 E-F、点 G-H 应变-拉力皆为线性关系,分布曲线分别为:

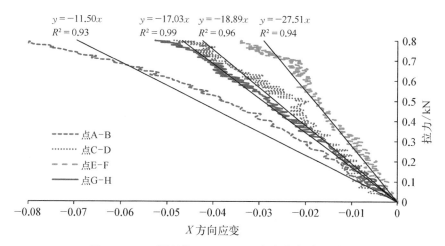

图 1 - 4 - 8　圆型钩 14/0 - 4.5 X 方向应变-拉力布图

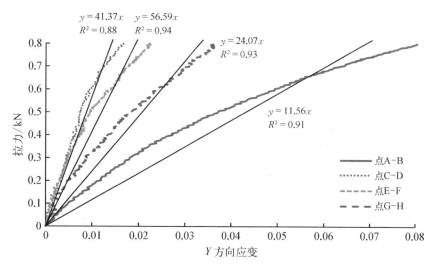

图 1 - 4 - 9　圆型钩 14/0 - 4.5 Y 方向应变-拉力分布图

点 A - B：$y = -11.50x$，$R^2 = 0.93$ 　　　　　　　　　　　　　(1 - 4 - 2)

点 C - D：$y = -18.89x$，$R^2 = 0.96$ 　　　　　　　　　　　　(1 - 4 - 3)

点 E - F：$y = -27.51x$，$R^2 = 0.94$ 　　　　　　　　　　　　(1 - 4 - 4)

点 G - H：$y = -17.03x$，$R^2 = 0.99$ 　　　　　　　　　　　　(1 - 4 - 5)

由公式得 $K_{A-B} > K_{G-H} > K_{C-D} > K_{E-F}$，即 X 方向应变大小依次为：钩底后侧>钩后轴>后弯前侧>后弯后侧。

由图 1 - 4 - 9 得，当拉力为 0~0.8 kN 时，Y 方向应变点 A - B、点 C - D、点 E - F、点 G - H 应变-拉力皆为线性关系，分布曲线分别为：

点 A - B：$y = 11.56x$，$R^2 = 0.91$ 　　　　　　　　　　　　　(1 - 4 - 6)

点 C - D：$y = 41.37x$，$R^2 = 0.88$ 　　　　　　　　　　　　(1 - 4 - 7)

点 E - F: $y = 56.59x$, $R^2 = 0.94$ (1-4-8)
点 G - H: $y = 24.07x$, $R^2 = 0.93$ (1-4-9)

由公式得 $K_{A-B} < K_{G-H} < K_{C-D} < K_{E-F}$，即 Y 方向应变大小依次为：钩底后侧>钩后轴>后弯前侧>后弯后侧。圆型钩 14/0-4.5 点分析汇总见表 1-4-2。

表 1-4-2　圆型钩 14/0-4.5 点分析汇总表

拉力	方向	D_x/mm	D_y/mm	D_t/mm	D'_x	D'_y	D'_t	S	S'
500 N	X	3 : -2	1 : -3.9	1 : 4.4	底后	底	底	A-B: 0.043 5	底后
	Y	3 : -3.3	1 : -1.7	3 : 3.6	底后	底	底后	A-B: 0.043 3	底后
800 N	X	3 : -2.1	1 : -6.7	1 : 5.1	底后	底	底	A-B: -0.069 6	底后
	Y	3 : -5.3	1 : -2.7	3 : 4.9	底后	底	底后	A-B: 0.069 2	底后

注：底——钩底,底后——钩底后侧,
D_x——X 方向位移最大值,D_y——Y 方向位移最大值,D_t——全位移,S——应变最大值,
D'_x——X 方向位移最大区域,D'_y——Y 方向位移最大区域,D'_t——全位移最大区域,S'——应变最大区域

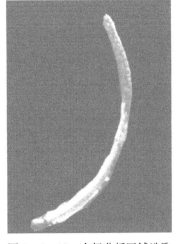

图 1-4-10　全场分析区域选取

（2）圆型钩 14/0-4.5 全场分析

选定区域如图 1-4-10 所示。由于 DIC 系统的局限性,全场分析运算量较大,且只能选取一定区域,故选择相对重要的区域进行研究,这里选择钓钩后弯进行全场位移、应变分析。

1）全场彩图

位移、应变与时间关系见图 1-4-11。

图 1-4-11 为圆型钩 14/0-4.5 选定区域拉伸试验结果彩图,图片排列顺序为横排。第 1 行~第 5 行分别为 X 方向应变、剪切应变、Y 方向应变、X 方向位移、Y 方向位移。每行分别为钓钩拉伸状态图片,钓钩拉伸时刻分别为第 1 s、20 s、28 s、45 s。不同颜色代表位移或应变的大小。正负代表位移或应变的方向,正为右、上方向,负为左、下方向。

通过读取全场分析彩图 1-4-11,根据不同时刻的颜色读取钓钩不同部位的位移、应变具体数值。并分别汇总钓钩位移、应变与时间、拉力的关系。

2）位移

由图 1-4-11、表 1-4-3 得,X 方向位移变化范围为 -15.48 mm 至 2.36 mm。1~20 s 后弯位移分布较均匀,位移由 -2 mm 向 2 mm 转变。20~28 s 后弯后侧位移渐渐增大,为 -2 mm 至 -8 mm；前侧位移变化较小,为 -3 mm 至 1 mm。28~45 s 后弯后侧位移继续增大,为 -10 mm 至 -15 mm；后弯前侧位移同样继续增大,为 1 mm 至 2.3 mm。综上,后弯后侧 X 方向位移较大且为负方向,后弯下侧位移较小且为正方向。

Y 方向位移变化范围为 -26.38 mm 至 1.48 mm。1~20 s 选定区域 Y 方向位移分布较均匀,位移约为 1 mm。20~45 s 后弯前侧位移渐渐增大,第 45 s 位移达到最大,为 -26.39 mm。后弯后侧位移增长相对较小,最大位移约为 -8 mm。综上所述,后弯前侧 Y 方向位移较大且为负方向,后弯上侧位移较小且为正方向。

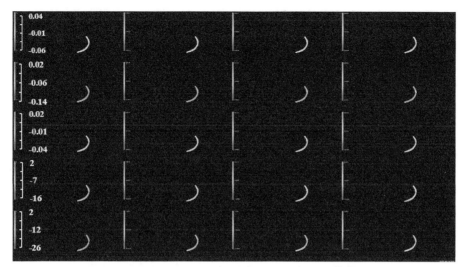

图 1-4-11 圆型钩 14/0-4.5 全场分析彩图

表 1-4-3 圆型钩 14/0-4.5 位移汇总表

时　间	拉　力	方向	弯/mm	弯后/mm	弯前/mm	最大/mm	区域
20 s	500 N	X	1.8	-1	-3.5	-3.5	弯前
		Y	-4	-1.9	-1.9	-4	弯
		全	4.4	2.2	2.8	4.5	弯
28 s	800 N	X	-6	-6.5	-3.9	-6.5	弯后
		Y	-5	-3.9	-6.3	-6.3	弯前
		全	7.8	7.6	7.4	9.1	弯
45 s	1 200 N	X	2	-12	-7.5	-12	弯后
		Y	-6.3	-5.6	-9.7	-9.7	弯前
		全	6.6	13.2	12.3	15.4	弯

注: 弯——后弯,弯后——后弯后侧,弯前——后弯前侧

3) 等效应变

由图 1-4-11、表 1-4-4 得,X 方向等效应变变化范围为 -0.063 至 0.049。1~20 s 后弯位移分布较均匀,且较小,约为 -0.007 2。20~45 s 后弯前侧应变渐渐增大,第 45 s 达到最大约为 -0.063。后弯偏上侧红色区域,应变较大,最大为 0.049。其他区域应变较小,约为 0.02。综上所述,X 方向后弯前侧应变较大且为负方向,后弯后侧应变略小且为正方向。

表 1-4-4 圆型钩 14/0-4.5 应变汇总表

时　间	拉　力	方向	弯	弯后	弯前	最大	区　域
20 s	500 N	XX	0.012	0.012	0.011	0.012	弯后
		YY	-0.003	-0.004	-0.003	-0.003	弯
		XY	0.005	0.005	0.005	0.005	弯

（续表）

时 间	拉 力	方向	弯	弯后	弯前	最大	区 域
28 s	800 N	XX	0.005	0.008	0.006	0.008	弯后
		YY	0.009	0.013	0.011	0.013	弯后
		XY	0.007	-0.023	0.007	0.007	弯前
45 s	1 200 N	XX	-0.003	0.039	0.016	0.039	弯后
		YY	0.008	0.007	0.006	0.008	弯
		XY	0.008	-0.03	0.008	0.008	弯前

注: 弯——后弯, 弯后——后弯后侧, 弯前——后弯前侧, XX——X方向应变, YY——Y方向应变, XY——剪切应变

　　Y方向等效应变变化范围为-0.044至0.021。1～45 s选定区域Y方向应变渐渐增大, 后弯应变略大, 最大值为-0.045, 平均值约为-0.03。后弯红色区域及前侧顶端应变较大, 约为0.022; 其他区域应变较小, 约为0.015。综上所述, Y方向后弯应变较大且为负方向, 其他区域, 应变分布不均匀。

　　剪切应变变化范围为-0.15～0.019。1～45 s选定区域剪切应变分布较均匀, 且渐渐增大。后弯处剪切应变略大, 最大值约为-0.064 6, 平均值约为-0.02。后弯上下侧剪切应变略小, 约为0.019。

4.2.2　环型钩

4.2.2.1　环型钩 3.4－4.5

环型钩 3.4－4.5 钓钩拉伸结果见图 1－4－12。

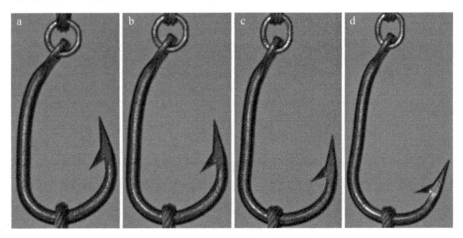

图 1－4－12　钓钩试验拉伸状态
(a) 第1 s　(b) 第15 s　(c) 第18 s　(d) 第23 s

　　图 1－4－12 为第1 s、15 s、18 s、23 s钓钩拉伸情况。由图 1－4－12 可得, 应变较大区域为后弯、钩底后侧区域。位移较大区域为前弯。钩柄、钩基区域位移、应变均较小, 与 ANSYS 分析结果相同。故选定后弯、钩后轴、钩底为研究重点, 钩柄、钩基、尖芒可略作研究, 以简化模型。前弯、钩前轴由于技术原因, 暂不研究。

　　根据分析需要,选择 1 200 N 作为拉力上限。由点分析得,当试验开始第 23 s 时,拉力值为 1 200 N,且由图 1-4-12 得,此时钓钩已产生塑性变形,故选择第 0~23 s 进行点分析和全场分析。

　　(1) 点分析

　　1) 位移分析

　　位移运算只需选定单点,应变运算需选定相邻两点,且选点时,选择相对平行两点测 X 方向应变;选择相对竖直两点,测 Y 方向应变。位移则同时可以测算 X、Y 方向及全位移。选点顺序为由低点向高点。

　　如图 1-4-13,最下侧点为点 1,最上侧为点 12。选择点 1(钩底前侧)、6(钩底后侧)、9(后弯)、12(后弯后侧)四个区域具有代表性的四点进行位移分析。环型钩 3.4-4.5 拉力-位移分布见图 1-4-14。

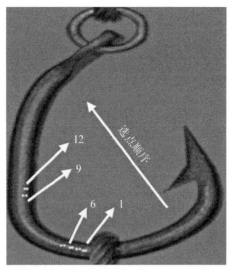

图 1-4-13　环型钩 3.4-4.5 位移分析选点

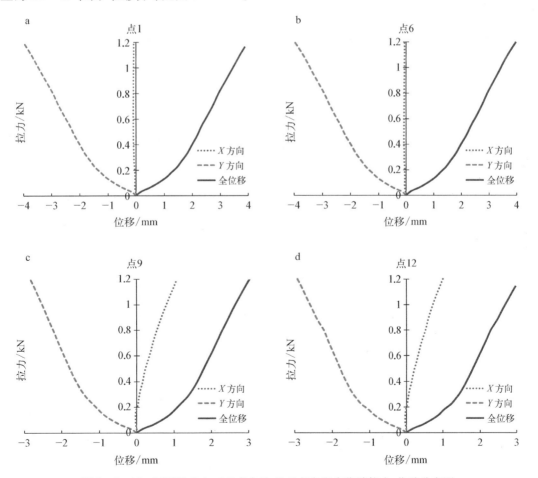

图 1-4-14　环型钩 3.4-4.5 点方法 X、Y 方向和全位移拉力-位移分布图

(a) 点 1　(b) 点 6　(c) 点 9　(d) 点 12

由图 1-4-14 得,点 1、6、9、12 的拉力和全位移的变化规律相似。拉力 0~800 N 范围内,拉力-全位移近似线性关系,可以用有限元方法进行模拟分析。全位移点 1、点 6 斜率相对较大,点 9、12 斜率相对较小;即当拉力值相同时,点 1、6 位移相对较大,点 9、12 位移相对较小,也即钩底前侧位移相对较大,钩底后侧位移相对较小。点 1、6 X 方向位移趋近于零,点 9、12 X 方向位移较大且为正方向;即钩底主要为负 Y 方向变形,后弯既存在负 Y 方向变形又存在正 X 方向变形。

2)应变分析

X 方向选点如图 1-4-15 所示。

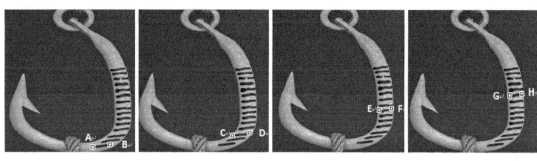

图 1-4-15 环型钩 3.4-4.5 X 方向应变分析选点

Y 方向选点如图 1-4-16 所示。

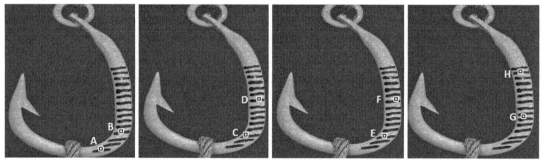

图 1-4-16 环型钩 3.4-4.5 Y 方向应变分析选点

环型钩 3.4-4.5 X、Y 方向应变-拉力关系曲线分别见图 1-4-17、图 1-4-18。

(1)由图 1-4-17 得,当拉力为 0~0.8 kN 时,X 方向应变点 A-B、点 C-D、点 E-F、点 G-H 应变-拉力皆为线性关系,分布曲线分别为:

点 A-B: $y = -48.72x$, $R^2 = 0.98$ (1-4-10)

点 C-D: $y = -36.64x$, $R^2 = 0.99$ (1-4-11)

点 E-F: $y = -63.51x$, $R^2 = 0.97$ (1-4-12)

点 G-H: $y = -69.63x$, $R^2 = 0.90$ (1-4-13)

由公式得 $K_{C-D} > K_{A-B} > K_{E-F} > K_{G-H}$,即当拉力一定时,X 方向应变大小依次为:后弯前侧>钩底后侧>后弯后侧>钩后轴。

(2)由图 1-4-18 得,当拉力为 0~0.8 kN 时,Y 方向应变点 A-B、点 C-D、点 E-F、点

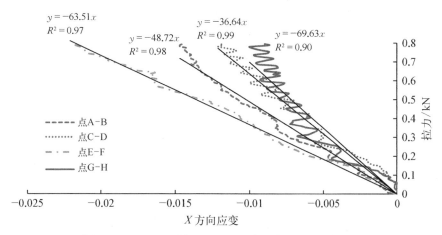

图 1 - 4 - 17　环型钩 3.4 - 4.5 X 方向应变-拉力分布图

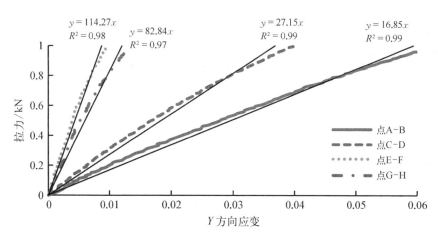

图 1 - 4 - 18　环型钩 3.4 - 4.5 Y 方向应变-拉力分布图

G - H 应变-拉力皆为线性关系,分布曲线分别为:

点 A - B: $y = 16.85x$, $R^2 = 0.99$　　　　　　　　　　　　　　　　　　　　（1 - 4 - 14）

点 C - D: $y = 27.15x$, $R^2 = 0.99$　　　　　　　　　　　　　　　　　　　　（1 - 4 - 15）

点 E - F: $y = 114.27x$, $R^2 = 0.94$　　　　　　　　　　　　　　　　　　　　（1 - 4 - 16）

点 G - H: $y = 82.84x$, $R^2 = 0.97$　　　　　　　　　　　　　　　　　　　　（1 - 4 - 17）

由公式得 $K_{A\text{-}B} < K_{C\text{-}D} < K_{G\text{-}H} < K_{E\text{-}F}$,即 Y 方向应变大小依次为:钩底后侧>后弯>钩后轴>后弯后侧。环型钩 3.4 - 4.5 点分析汇总见表 1 - 4 - 5。

表 1 - 4 - 5　环型钩 3.4 - 4.5 点分析汇总表

拉力	方向	D_x/mm	D_y/mm	D_t/mm	D_x'	D_y'	D_t'	S	S'
500 N	X	1 : -0.1	1 : -3.2	1 : 3.2	底	底	底	C - D: -0.013 6	弯前
	Y	1 : 3	3 : -1.7	3 : 3.2	底后	底后	底后	A - B: 0.029 7	底后

（续表）

拉力	方向	D_x/mm	D_y/mm	D_t/mm	D'_x	D'_y	D'_t	S	S'
800 N	X	1：-0.1	1：-4.8	1：4.8	底	底	底	C-D：-0.021 8	弯前
	Y	1：3.7	3：-4.1	3：4.2	底后	底后	底后	A-B：0.047 5	底后

注：1——点1，C-D——区间C-D，X——X方向，Y——Y方向，底——钩底，弯前——后弯前侧，底后——钩底后侧，D_x——X方向位移最大值，D_y——Y方向位移最大值，D_t——全位移，S——应变最大值，D'_x——X方向位移最大区域，D'_y——Y方向位移最大区域，D'_t——全位移最大区域，S'——应变最大区域

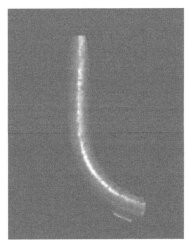

图1-4-19 环型钩3.4-4.5全场分析区域选取

（2）环型钩3.4-4.5全场分析

选定区域如图1-4-19所示。

后弯为应变、应力集中区域，则选此区域进行全场位移、应变分析。

1）全场彩图

位移、应变与时间关系见彩图1-4-20。

图1-4-20为环型钩3.4-4.5选定区域拉伸试验结果彩图，图片排列顺序为横排。第1行～第5行分别为X方向应变、剪切应变、Y方向应变、X方向位移、Y方向位移。每行分别为钓钩拉伸状态图片，钓钩拉伸时刻分别为第1 s、15 s、18 s、23 s。不同颜色代表位移或应变的大小。正负代表位移或应变的方向，正为右、上方向，负为左、下方向。

扫一扫

见彩图

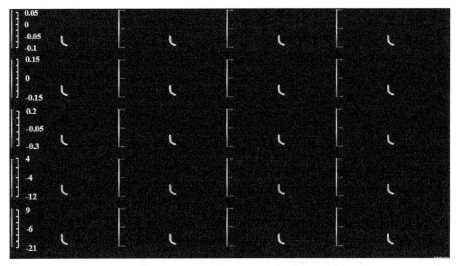

图1-4-20 环型钩3.4-4.5全场分析彩图

通过读取全场分析彩图1-4-20，根据不同时刻的颜色读取钓钩不同部位的位移、应变具体数值。并分别汇总钓钩位移、应变与时间、拉力的关系。

2）位移

由表1-4-6、图1-4-20得，X方向位移变化范围为-11 mm至3.8 mm。1～15 s后弯

位移分布较均匀,位移由 0 向 -0.1 mm 转变。15~23 s 后弯后侧位移先增大后减小,第 18 s 时位移达到最大值约 4 mm,一直处于正位移;18~23 s 后弯前侧位移从正位移逐渐减到 0 并沿负位移逐渐增大,为 -11 mm 至 1 mm。综上所述,后弯后侧 X 方向位移较小且为正方向,后弯前侧位移较大且从正位移向负位移转变。

表 1-4-6　环型钩 3.4-4.5 位移汇总表

时　间	拉　力	方　向	后弯/mm	后侧/mm	前侧/mm	最大/mm	区　域
15 s	500 N	X Y 全	1.6 1.5 2.19	1.5 3 3.35	1.9 -3.5 3.98	1.9 -3.5 3.98	弯前 弯前远 弯前
18 s	800 N	X Y 全	-3 -5 5.83	1.4 -6 6.16	-1.5 -7 7.16	-3 -7 7.16	后弯 弯前 弯前
23 s	1 200 N	X Y	-3 -8	3.5 -6	-11 -15	-11 -15	弯前 弯前

注: 弯前——后弯前侧,弯前远——前侧远端,后侧——后弯后侧

　　Y 方向位移变化范围为 -15 mm 至 -3.5 mm。开始时选定区域 Y 方向位移分布较均匀,位移约为 -0.5 mm。1 s 后钩弯后侧近端位移渐渐增大,且为正位移,一直到测试结束,约为 0~4 mm。15~18 s 后弯后侧远端位移逐渐增大,18 s 达到最大位移约为 -12 mm;18~23 s 位移略微增大,第 23 s 达到最大,约为 -15 mm。后弯前侧 0~15 s 为正位移,且先增大后减小,第 8 s 为 3 mm,第 15 s 为 1.5 mm。第 18 s 时负位移开始明显增大,23 s 时达到最大,位移为 -15 mm。综上所述,后弯前侧及钩弯后侧远端 Y 方向位移较大且为负方向,后弯后侧近端位移较小且为正方向,符合实际情况。

　　3)应变

　　由表 1-4-7、图 1-4-20,X 方向等效应变变化范围为 -0.06 至 -0.07。1~15 s 钩后弯位移分布较均匀,逐渐增大,为 0.005~0.01。15~23 s 后弯上侧红色区域应变逐渐增大且为正方向,第 23 s 达到最大约为 0.045。后弯后侧远端靠近钩底处,应变也逐渐增大且为负方向,23 s 时达到最大,为 -0.075。综上,X 方向后弯前侧靠近钩底处应变较大且为负方向,后弯上侧较大且为正方向。

表 1-4-7　环型钩 3.4-4.5 应变汇总表

时　间	拉力/N	方　向	弯	弯后	弯前	最大	区　域
15 s	500	XX YY XY	0.003 -0.007 0.02	0.004 -0.008 0.007	-0.005 -0.006 0.009	-0.005 -0.008 0.02	弯前 弯后 弯
18 s	800	XX YY XY	-0.005 0.007 0.06	0.006 -0.02 0.01	-0.005 -0.003 -0.04	0.006 -0.02 0.06	弯后 弯后 弯
23 s	1 200	XX YY XY	-0.05 0.13 0.08	0.04 -0.21 0.02	-0.07 0.075 -0.06	-0.07 -0.21 0.08	弯前 弯后 弯

注: XX——X 方向应变,YY——Y 方向应变,XY——剪切应变,弯前——后弯前侧,弯后——后弯后侧,弯——后弯

Y方向等效应变变化范围为-0.21至0.13。1~23 s选定区域Y方向应变渐渐增大,后弯上侧近端应变略大,最大值为0.13且为正值。后弯上侧远端位移变化逐渐增大且为负方向,23 s时达到最大值-0.21。后弯前侧应变逐渐增大但变化不大。第23 s达到最大,最大值约为0.034。综上,Y方向应变后弯上侧较大,为负方向,其次后弯上侧近端,为正方向。后弯向下应变逐渐增大。

剪切应变变化范围为-0.09至0.08。1~15 s选定区域剪切应变分布较均匀;15~23 s后弯逐渐增大,第23 s达到最大值0.08。后弯后侧剪切应变最大值约为0.04;后弯前侧剪切应变逐渐增大,第23 s达到最大值约为-0.06。

4.2.2.2 环型钩4.2-5.5

环型钩4.2-5.5钓钩拉伸结果见图1-4-21。

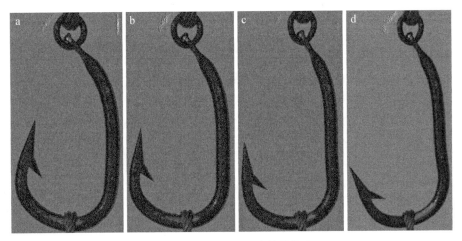

图1-4-21 钓钩试验拉伸状态
(a) 第1 s (b) 第6 s (c) 第9 s (d) 第13 s

图1-4-21为第1 s、6 s、9 s、13 s钓钩拉伸情况。应变较大区域为后弯、钩底后侧区域。位移较大区域为前弯,钩柄、钩基区域位移、应变均较小,与ANSYS分析结果相同。故选定后弯、钩后轴、钩底为研究重点,钩柄、钩基、尖芒可稍做研究,以简化模型。钩前弯、钩前轴由于技术原因,暂不研究。

由万能试验机数据可得,当拉伸试验第13 s时拉力为1 200 N,且第13 s时钓钩已产生塑性变形。故选择第0~13 s进行点分析和全场分析。

(1) 点分析

图1-4-22为环型钩4.2-5.5 X、Y方向的选点情况。

1) 位移

X方向位移、Y方向位移、全位移,与万能试验机拉力关系如图1-4-23所示:

图1-4-23可得,点1为钩底处、点5为后弯前、点10为后弯、点14为后弯后侧。在拉力相同时钓钩Y方向位移大于X方向位移;随着试验点由钩底向钩后轴方向移动,X方向位移变化率逐步减小,Y方向位移、全位移变化率不明显。

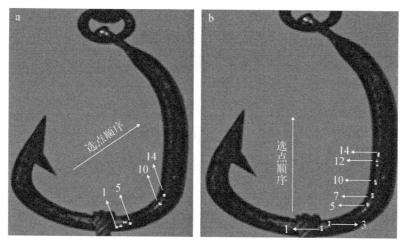

图 1 - 4 - 22　环型钩 4.2 - 5.5 X、Y 方向选点
（a）X 方向　（b）Y 方向

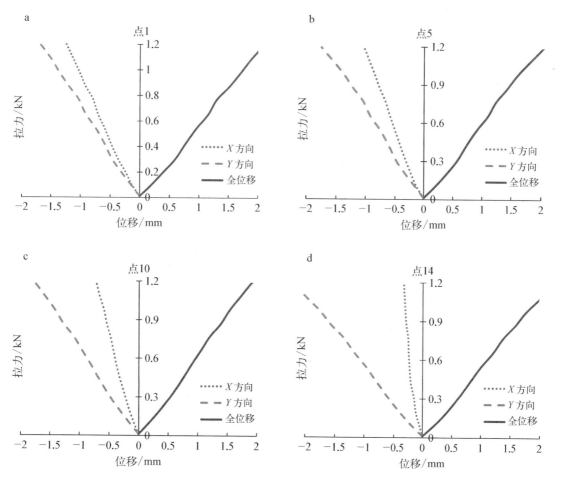

图 1 - 4 - 23　环型钩 4.2 - 5.5 点方法 X、Y 方向和全位移拉力-位移分布图
（a）点 1　（b）点 5　（c）点 10　（d）点 14

2）等效应变

环型钩 4.2 - 5.5 X、Y 方向应变-拉力关系曲线分别见图 1 - 4 - 24、图 1 - 4 - 25。

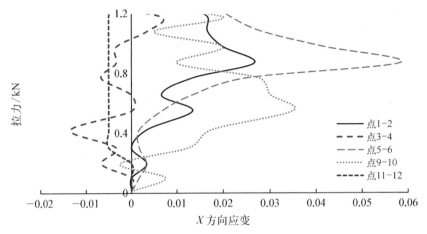

图 1 - 4 - 24　环型钩 4.2 - 5.5 应变-拉力 X 方向分布图

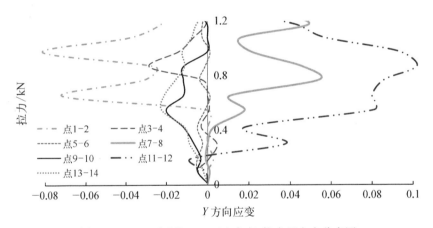

图 1 - 4 - 25　环型钩 4.2 - 5.5 应变-拉力 Y 方向分布图

由图 1 - 4 - 25 得，随着钓钩拉伸，拉力增大。X 方向：点 5~6、点 9~10、点 1~2 应变较大，且为正位移；点 3~4、点 11~12 应变较小，且为负位移。即靠近钩后弯区域应变较大，钩底区域应变较小；且拉力在 0~1 000 N 范围内，应变变化率较大。

随着钓钩拉伸，拉力增大，Y 方向：点 12、1、7、13、9、3、5 应变由大到小；即后弯后侧、钩底应变较大，后弯应变较小；在后弯后侧、钩底处，应变基本为负数。且拉力在 0.3~1.2 kN 范围内，应变较大，变化率较大，发生突变。环型钩 4.2 - 5.5 点分析汇总见表 1 - 4 - 8。

表 1 - 4 - 8　环型钩 4.2 - 5.5 点分析汇总表

拉力/N	方向	D_x/mm	D_y/mm	D_t/mm	D_x'	D_y'	D_t'	S	S'
500	X	12：-0.35	5：-0.79	5：0.81	弯后	底后	底后	9 - 10：0.018	弯
	Y	1：-0.49	14：-0.78	14：0.81	底	弯后	弯后	9 - 10：-0.012	弯

（续表）

拉力/N	方向	D_x/mm	D_y/mm	D_t/mm	D'_x	D'_y	D'_t	S	S'
800	X	12：−0.57	5：−1.37	5：1.39	弯后	底后	底后	9−10：0.035	弯
	Y	1：−0.79	14：−1.35	14：1.38	底	弯后	弯后	7−8：0.054	弯
1 200	X	12：−1	5：−2.57	5：2.59	弯后	底后	底后	5−6：0.058	底
	Y	1：−1.45	14：−2.56	14：2.59	底	弯后	弯后	1−2：−0.081	底

注：1——点1，1−2——区间1−2，X——X方向，Y——Y方向，底——钩底，弯——后弯，弯后——后弯后侧，底后——钩底后侧，D_x——X方向位移最大值，D_y——Y方向位移最大值，D_t——全位移，S——应变最大值，D'_x——X方向位移最大区域，D'_y——Y方向位移最大区域，D'_t——全位移最大区域，S'——应变最大区域

（2）环型钩4.2−5.5全场分析

选定区域：如图1−4−26所示。

钩后弯为应变、应力集中区域，故选此区域进行全场位移、应变分析。

1）全场彩图

位移、应变与时间关系见彩图1−4−27。

图1−4−27为环型钩4.2−5.5选定区域拉伸试验结果彩图，图片排列顺序为横排。第1行~第5行分别为X方向应变、剪切方向应变、Y方向应变、X方向位移、Y方向位移。每行分别为钓钩拉伸状态图片，钓钩拉伸时刻分别为第1 s、6 s、9 s、13 s。不同颜色代表位移或应变的大小；正负代表位移或应变的方向，正为右、上方向，负为左、下方向。

通过读取全场分析彩图1−4−27，根据不同时刻的颜色读取钓钩不同部位的位移、应变具体数值，并分别汇总钓钩位移、应变与时间、拉力的关系。

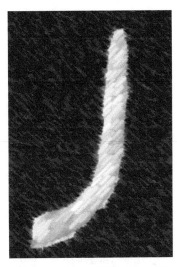

图1−4−26　环型钩4.2−5.5全场分析区域

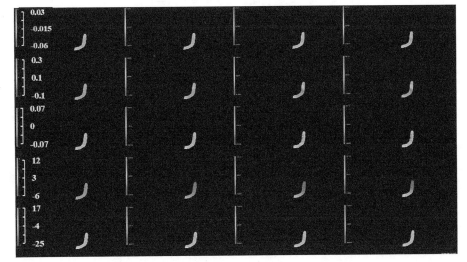

扫一扫

见彩图

图1−4−27　环型钩4.2−5.5全场分析彩图

2）位移

由表1-4-9得,沿位移 X 方向,钓钩刚开始拉伸时,约1~6 s 钓钩位移分布较均匀,且渐渐增大,第6 s 达到最大,后弯位移约为-2.2 mm,后弯大于钩底。6~13 s 随着拉力增大,后弯前侧靠近钩底区域,位移渐渐增大,第13 s 达到最大约为6.6 mm;但后弯前侧近端向后弯方向,位移最大约为4.6 mm;后弯后侧第9 s 达到最大值,约为-4 mm,之后逐渐减小,第13 s 达到最小值约为-2.4 mm。

表1-4-9　环型钩4.2-5.5位移汇总表

时　间	拉力/N	方　向	弯/mm	弯后/mm	弯前/mm	最大/mm	区　域
6 s	500	X	-1.4	-2	-1	-2	弯后
		Y	-3	-2.7	-3.6	-3.6	弯前
9 s	800	X	-2.4	-4	2	-4	弯后
		Y	-1	-5.5	-9	-9	弯前
13 s	1 200	X	-2.0	-2.4	6.6	6.6	弯前
		Y	-6	-9	-15	-15	弯前

注: 弯——后弯,弯后——后弯后侧,弯前——后弯前侧,最大——最大 X、Y 方向位移

沿位移 Y 方向,钓钩刚开始拉伸时,1~6 s 钓钩位移变化较均匀,且渐渐增大,Y 方向位移约为-4.6 mm,且钩底略大于后弯。随着拉力增大,约6~13 s,后弯前侧靠近钩底 Y 方向位移增大较快,第13 s 达到最大约为-15 mm;后弯后侧部分区域较大,约为-9 mm。后弯位移无明显变化,约为-6 mm。

3）应变

由表1-4-10得,X 方向应变,1~9 s 后弯前侧为正方向,且逐渐增大,第9 s 达到最大约为0.015,第9~13 s 应变由正方向转变为负方向,第13 s 达到最大约为-0.025。1~13 s 后弯为负方向,后弯后侧为正方向,且应变逐渐增大。

表1-4-10　环型钩4.2-5.5应变汇总表

时　间	拉力/N	方　向	弯	弯后	弯前	最大	区　域
6 s	500	XX	-0.005	0.008	0.012	-0.012	弯前
		YY	-0.015	0.02	-0.025	-0.025	弯前
		XY	-0.035	0.04	-0.03	0.04	弯后
9 s	800	XX	-0.008	0.012	0.015	0.015	弯前
		YY	0.035	-0.04	-0.026	-0.04	弯后
		XY	-0.07	0.08	-0.06	0.08	弯后
13 s	1 200	XX	-0.015	0.018	-0.025	-0.025	弯前
		YY	0.025	-0.036	-0.029	-0.038	弯前
		XY	-0.12	0.18	-0.1	0.18	弯后

注: 弯——后弯,弯后——后弯后侧,弯前——后弯前侧,最大——最大 X、Y 方向位移

Y 方向应变,1~13 s 后弯前侧为负方向,且逐渐增大,第13 s 达到最大为-0.029;但后弯及后侧上部变化较复杂,此区域产生剪切应力。应变先增大后减小,第9 s 达到最大,后弯后

侧为-0.04、后弯为0.035。

剪切应变，1~13 s 范围为-0.12 至 0.18，且逐渐增大。后弯后侧剪切应变为正方向，为0.18；后弯及前侧为负方向，后弯略大于后弯前侧。

4.2.3 全场方法数据分析

通过读取全场彩图，得三种钩型位移数据见表 1-4-11。

表 1-4-11 全场方法位移汇总表

位移/mm	拉力/N	圆型钩 14/0-4.5	环型钩 3.4-4.5	环型钩 4.2-5.5
X 方向	500	-3.5	-1.9	-1.7
	800	-6.5	-4	-3.8
	1 200	-12	-11	-6.6
Y 方向	500	-4	-3.5	-3.2
	800	-6.3	-6	-5.6
	1 200	-9.7	-9	-7.8
全位移	500	4.5	4.0	3.8
	800	9.1	8.1	7.8
	1 200	15.4	14.9	14.4

根据表 1-4-11 得三种钩型 X 方向、Y 方向、全位移与拉力关系曲线如图 1-4-28 所示。

由图 1-4-28 得，三种钩型位移与拉力近似线性关系。当拉力相同时，环型钩 4.2-5.5

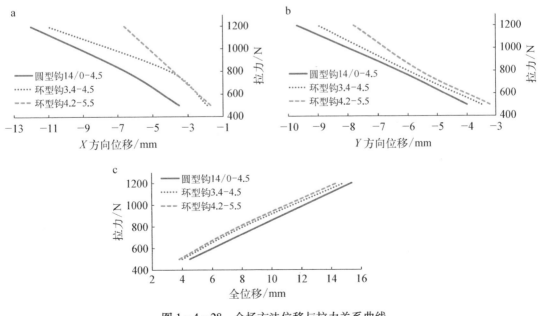

图 1-4-28 全场方法位移与拉力关系曲线

(a) X 方向 (b) Y 方向 (c) 全位移

各方向位移小于环型钩3.4-4.5,环型钩3.4-4.5各方向位移小于圆型钩14/0-4.5,即钓钩变形依次为环型钩4.2-5.5<环型钩3.4-4.5<圆型钩14/0-4.5。

表1-4-12　全场方法应变汇总表

应　变	拉力/N	圆型钩14/0-4.5	环型钩3.4-4.5	环型钩4.2-5.5
X方向	500	−0.01	−0.009	−0.007
	800	−0.018	−0.016	0.014
	1 200	−0.039	−0.031	−0.025
Y方向	500	−0.015	−0.012	−0.01
	800	−0.021	−0.02	−0.018
	1 200	−0.045	−0.041	−0.038
剪切方向	500	0.012	0.011	0.009
	800	0.07	0.06	0.04
	1 200	0.12	0.11	0.085

根据表1-4-12得三种钩型X方向、Y方向、全应变与拉力关系曲线如图1-4-29所示。

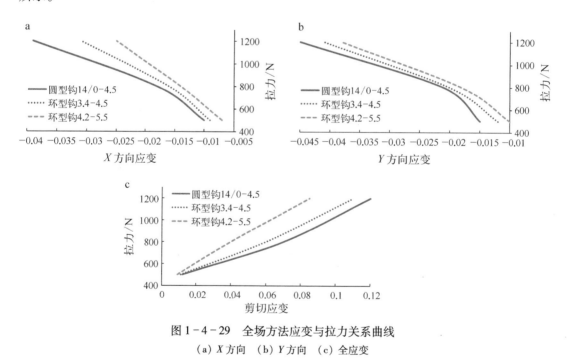

图1-4-29　全场方法应变与拉力关系曲线
(a) X方向　(b) Y方向　(c) 全应变

由图1-4-29得,当拉力小于800 N时,三种钩型应变与拉力曲线斜率较小。当拉力大于800 N时,曲线斜率略大。即钓钩拉伸试验前期,钓钩力学性能较好,抗拉性能较强。拉伸试验后期由于钓钩变形失效,其性能显著下降。

当拉力相同时,环型钩4.2-5.5各方向应变小于环型钩3.4-4.5,环型钩3.4-4.5各方向应变小于圆型钩14/0-4.5,即钓钩强度依次为环型钩4.2-5.5>环型钩3.4-4.5>圆型钩14/0-4.5。

4.2.4　环型钩 4.2 - 5.5 与环型钩 3.4 - 4.5 力学性能比较

环型钩 4.2 - 5.5 与环型钩 3.4 - 4.5 钓钩拉伸试验结果见表 1 - 4 - 13。

表 1 - 4 - 13　环型钩 4.2 - 5.5 与环型钩 3.4 - 4.5 钓钩拉伸试验结果

拉力 0~500 N	方　向	位移/mm	区　域	应　变	区　域
环型钩 3.4 - 4.5	X	-0.093	钩底	-0.024	弯后
	Y	-2.18	钩底	-0.042	弯后
	全	2.19	钩底	0.049	弯后
环型钩 4.2 - 5.5	X	-0.49	钩底	0.017	弯
	Y	-0.79	底后	-0.012	弯
	全	0.81	底后	0.021	弯

注：弯——后弯，底后——钩底后侧，弯后——后弯后侧

由表 1 - 4 - 13 得，环型钩 3.4 - 4.5 与环型钩 4.2 - 5.5 在拉力 0~500 N 作用下，环型钩 3.4 - 4.5 全位移的最大区域是在钩底部分，数值为 2.19 mm，最大等效应变区域都是后弯后侧部分，数值为 0.048；而环型钩 4.2 - 5.5 全位移的最大区域是在钩底右侧部分，数值为 0.81 mm，最大等效应变区域都是后弯部分，数值为 0.021。综上，增加钓钩材料直径对提高钓钩的抗拉性能有显著效果。即若需增大钓钩型号，则需适当增大钩轴直径，以弥补尺寸增大造成的力学性能下降。

4.2.5　圆型钩 14/0 - 4.5 与环型钩 3.4 - 4.5 力学性能比较

（1）点分析

当拉力分别为 500 N 和 800 N 时，环型钩 3.4 - 4.5 与圆型钩 14/0 - 4.5 拉伸试验结果对比见表 1 - 4 - 14 和表 1 - 4 - 15。

表 1 - 4 - 14　拉力 500 N 时环型钩 3.4 - 4.5 与圆型钩 14/0 - 4.5 拉伸试验结果对照表

	方向	圆型钩 14/0 - 4.5	区域	环型钩 3.4 - 4.5	区域	定性	离差率	P
应变	全	0.012	弯	0.01	弯后		8.74%	
	X	3.51	底前	2.98	弯后	一致	11.43%	0.9
位移/mm	Y	-3.92	底前	-3.18	钩底		-14.71%	
	全	5.16	底前	4.36	钩底		13.22%	

注：弯——后弯，底前——钩底前侧，弯后——后弯后侧

表 1 - 4 - 15　拉力 800 N 时环型钩 3.4 - 4.5 与圆型钩 14/0 - 4.5 拉伸试验结果对照表

	方向	圆型钩 14/0 - 4.5	区域	环型钩 3.4 - 4.5	区域	定性	离差率	P
应变	全	0.018	弯	0.025	弯后		-25.36%	
	X	5.2	底后	3.66	弯前	一致	25.45%	0.99
位移/mm	Y	-6.65	底	-4.77	底		-22.95%	
	全	8.5	底	6.01	底		23.91%	

注：弯——后弯，弯后——后弯后侧，底——钩底，底后——钩底右侧

由点方法分析得,当拉力为 0~500 N、500~800 N 时,最大等效应变区域,圆型钩 14/0-4.5 为后弯,而环型钩 3.4-4.5 为后弯后侧。说明当所受拉力相同时,最大应变及应力略有不同,环型钩比圆型钩略后,靠近钩后轴处。钩后轴弯度较小,近似直杆,因此环型钩不容易被破坏。

最大位移圆型钩 14/0-4.5 为钩底及钩底前侧,而环型钩 3.4-4.5 为钩底,说明圆型钩最大位移比环型钩略前,靠近钩前轴处。圆型钩尖芒变形较大,在发生较大变形时比较容易脱钩。

拉力 0~500 N 时,圆型钩 14/0-4.5 最大等效应变为 0.012,环型钩 3.4-4.5 为 0.01,离差率为 8.74%。圆型钩 14/0-4.5 最大位移为 5.16 mm,环型钩 3.4-4.5 为 4.36 mm,离差率为 13.22%。环型钩 3.4-4.5 应变、位移皆小于圆型钩 14/0-4.5。

对两种钓钩各项力学性能进行卡方检验,$P>0.05$,即钓钩性能虽有差别,但无显著性差异。即钩轴直径、钓钩大小基本相同时,型号对力学性能无显著性影响。

(2) 全场分析

当拉力为 500 N 和 800 N 时,环型钩 3.4-4.5 与圆型钩 14/0-4.5 拉伸试验结果对比见表 1-4-16 和表 1-4-17。

表 1-4-16　拉力 500 N 环型钩 3.4-4.5 与圆型钩 14/0-4.5 拉伸试验对照表

	方向	圆型钩 14/0-4.5	区　域	环型钩 3.4-4.5	区　域	定性	离差率	p
应变	全	0.012	后弯,后弯后侧	0.009 4	后弯后侧		18.99%	
位移/mm	X	3.5	前侧	1.9	后弯前侧	一致	40.18%	0.98
	Y	-4	后弯	-3.5	后弯前侧远端		-9.41%	
	全	4.47	后弯	3.5	后弯前侧		16.93%	

表 1-4-17　拉力 800 N 环型钩 3.4-4.5 与圆型钩 14/0-4.5 拉伸试验对照表

	方向	圆型钩 14/0-4.5	区　域	环型钩 3.4-4.5	区　域	定性	离差率	p
应变	全	0.015	后弯,后弯后侧	0.018	后弯后侧		-10%	
位移/mm	X	6.5	后弯后侧	4	前弯,后弯后侧	一致	32.8%	0.92
	Y	-6.3	后弯前侧	-7	后弯前侧		7.3%	
	全	9.1	后弯前弯	8.1	前弯,钩底		8.2%	

表 1-4-18　两种钩型力学性能比较

	应　变	X 位移	Y 位移	全位移	应　变
圆型钩 14/0-4.5 环型钩 3.4-4.5	-4.48%	27.5%	-14.18%	19.10%	23.52%

由表 1-4-18 得,在钓钩直径相同、结构大小相近的条件下,圆型钩的应变比环型钩低 -4.48%,全位移高 19.10%,强度低 23.52%。

根据表 1-4-16、表 1-4-17 数据,对离差率进行卡方检验得 $\chi^2=2.42$,$p=0.023\ 9<$

0.05，即说明离差率具有显著性差异，即环型钩 3.4 - 4.5 优于圆型钩 14/0 - 4.5。

4.3 讨论

4.3.1 钓钩力学特性

当拉力为 0~1 200 N 时，钓钩点分析、全场分析试验结果与数值模拟结果基本一致。

本次试验中拉力机皆对钓钩匀速拉伸，且对钓钩作用点相同。由于钓钩结构具有相似性，应变、位移分布基本一致。但由于不同型号钓钩的结构差异性，导致具体数值不同。

钓钩受钢丝绳拉力作用时，由于钓钩结构的特殊性和复杂性，拉力为纵向、横向及剪切力的合成力。在拉力加大过程中，钓钩由弹性变形（若外力作用停止，形变可全部消失而恢复原状）转为塑性变形（超过弹性限度）继而失效，且在此过程中，钓钩受力也在不断变化。总体上，环型钩力学特性优于圆型钩。

钩环与钩底分别为受力点，故导致后弯区域应变较大；而尖芒无约束，导致前弯受力较小，但位移较大，导致金枪鱼脱钩。由于后弯受力较大，使得钓钩产生塑性变形，继而影响后续的形变轨迹，为触发性的瞬态过程，且钓钩结构特征决定了变形过程。

4.3.2 拉伸试验分析方法特点

用数字图像相关法测量钓钩位移、应变，相比于单纯使用万能试验机，具有以下优势：

1) 只需要简单的散斑制作就可以满足试验要求。

2) 测量间距可以设置一个较小的值，具有很强的灵活性，从而更精确测量目标点的主次应变、位移。

3) 数字图像相关法可以测量所选点、全场的 X、Y 方向位移、应变分量的分布情况。

4.3.3 点分析方法与全场分析方法优缺点比较

点分析方法为对钓钩需分析区域选择有限点，可以获得钓钩选点区域的应力、应变、位移与拉力之间的关系曲线及数据，且运算较精确。为减少误差，应去除异常值，且应选择较小区域内相邻点的平均值。

根据全场彩图分析钓钩重点区域，可看出拉伸过程中的受力分布情况，变形云图应取颜色变化自然过渡区域，且取区域平均值。应避免颜色突变（为异常值）。ANSYS 同样可以从图像上直观读取，且可以分析钓钩全部区域的力学特性。且二者分析结果相似。

全场分析结果数值需从彩图读取，虽存在误差，但有一定的参考价值。主要以定性分析为主。分析了钓钩某一区域受拉形变过程的不同阶段，做了详细记述。

全场结果与点分析结果存在一定差别，应以点分析结果为准，但全场分析比较直观。故拉伸试验结果应将二者结合。

4.3.4 环型钩 4.2 - 5.5 与环型钩 3.4 - 4.5 力学性能分析

钓钩拉伸试验与钓钩数值模拟受力、约束相似，同样类似于拉压杆模型。故环型钩 4.2 - 5.5 直径大于环型钩 3.4 - 4.5，导致环型钩 4.2 - 5.5 截面面积大于环型钩 3.4 - 4.5。最终导致环型钩 4.2 - 5.5 比环型钩 3.4 - 4.5 应变、位移分别降低了 57.14%、97.76%。

即当直径增加了 22.22% 时,强度至少提高了 57.14%,变形减小了 97.76%。

4.3.5 圆型钩 14/0 - 4.5 与环型钩 3.4 - 4.5 力学性能分析

(1) 力学性能差异分析

虽然圆型钩 14/0 - 4.5 与环型钩 3.4 - 4.5 钩轴直径相同,但圆型钩 14/0 - 4.5 钩宽、钩长分别为 41 mm、57 mm,环型钩 3.4 - 4.5 钩宽、钩长分别为 32 mm、57 mm,即钩长比为 1∶1,钩宽比为 1.28∶1。圆型钩 14/0 - 4.5 钩宽比环型钩 3.4 - 4.5 增大了 28%。而由于结构原因,圆型钩与钢丝绳(夹具)初始受力点在钩底偏前侧区域,环型钩在钩底偏后侧区域。综上,力矩至少增大了 28%,导致应力增大。而此两种拉伸试验结果仅能代表它们之间的对比结果,圆型钩 14/0 - 4.5 与环型钩 3.4 - 4.5 力学性能应作进一步对比分析。

(2) 等效应变

钓钩拉伸试验模型可看作悬臂梁模型。钓钩受力点在钩底处,固定点在钩后轴上端钩环处。当后弯弧长半径越大时,固定点与受力点水平距离越长,后弯及钩后轴区域力矩越大。环型钩钩后轴相对较长、弯度较小,后弯弧长半径较小,弧度较大,由钩后轴过渡到钩底较快。而圆型钩钩后轴相对较短,后弯弧长半径较大,弧度较小且由钩后轴平滑过渡到钩底。导致圆型钩 14/0 - 4.5 后弯及钩后轴力矩大于环型钩 3.4 - 4.5。

因此,在拉伸试验初期,当拉力为 500 N 时,圆型钩 14/0 - 4.5 最大应变为 0.012,大于环型钩 3.4 - 4.5 最大应变 0.01;而随着拉力增大,钓钩结构发生变化,应变也随之改变。由于环型钩自然垂下时,钩底后侧为几何最低点,故拉伸试验初始状态时与钢丝绳接触点为钩底偏后侧区域。当拉力增大时钩底被拉弯,钢丝绳由钩底后侧迅速滑落至钩底及钩底前侧,力矩增大相对较快,即环型钩后弯、钩后轴区域应力、应变增大较快。同理,由于圆型钩自然垂下时,钩底前侧为几何最低点,故拉伸试验初始状态时与钢丝绳接触点为钩底偏前侧区域;当拉力增大时钩底被拉弯,但钢丝绳前侧为前弯阻挡区域,且圆型钩前弯向钩内侧倾斜,有效阻止钢丝绳向前下侧滑动,故力矩相对环型钩增大较慢,即圆型钩后弯、钩后轴区域应力、应变增大较慢。故拉力为 800 N 时,圆型钩 14/0 - 4.5 最大应变为 0.018,小于环型钩 3.4 - 4.5 最大应变 0.025。

(3) 全位移

初始状态时,圆型钩 14/0 - 4.5 受力点比环型钩 3.4 - 4.5 更加靠近前弯区域,且圆型钩 14/0 - 4.5 尖高 39 mm 大于环型钩尖高 36 mm,拉弯角度相同时,尖高越长,绝对位移越大。圆型钩 14/0 - 4.5 钩前轴向钩内侧倾斜,角度约为 20°,且尖芒向钩内侧弯曲,弯度较大,约为 60°。而环型钩 3.4 - 4.5 钩前轴、尖芒为竖直向上。综上,圆型钩 14/0 - 4.5 前弯、钩前轴易被先拉直而后向钩外侧弯曲,而环型钩需先将钩底拉平,而后逐步过渡到后弯。因此导致当拉力相同时,圆型钩 14/0 - 4.5 比环型钩 3.4 - 4.5 位移大。

(4) 实际作业力学性能要求

当拉力为 800 N 时,即钓获金枪鱼重量约为 80 kg 时,钓钩为弹性变形或塑性变形。圆型钩 14/0 - 4.5、环型钩 3.4 - 4.5,应变率分别为 1.8%、2.5%,变形率分别为 11.4%、9.2%,皆小于 12%,故两种钩型皆满足实际作业力学性能要求。

根据海上实测可得,当金枪鱼咬钩后,钓钩会穿透嘴颊而造成捕获,金枪鱼则会迅速做出反应向前下侧猛冲,头部并不会左右摆动,倒刺则会嵌入金枪鱼口腔防止其脱钩,故钓钩主要受到拉压变形。若钓钩强度达不到要求而变形时,且尖芒、钩前轴变形过大,则倒刺作用下降。故从力学角度分析,圆型钩 14/0 - 4.5 比环型钩 3.4 - 4.5 更易脱钩。但实际金枪鱼咬钩情况比较复杂,应做进一步研究。

圆型钩相对于环型钩而言,可以减少对海龟等的误捕,有效保护濒危物种,是良好的生态保护型钓钩,是今后钓钩发展趋势。对圆型钩应进一步研究及改进,在延绳钓作业中逐步代替环型钩。由于金枪鱼经济价值较高,且超大型金枪鱼上钩率较低。故目前金枪鱼延绳钓钓钩采用尺寸适中的圆型钩即可,如型号 14/0 - 4.5。

5 ANSYS 分析模型与拉伸试验结果对比分析

为了正确评价 ANSYS 分析模型得出的结果,需利用拉伸试验结果来对比、验证。

5.1 材料与方法

数据来源:根据第 2、3 部分数据,将 ANSYS 与钓钩拉伸试验研究结果(点分析、全场分析)进行对比分析。

(1)数据处理方法

$$\Delta D = (N_1 - N_2) / \sqrt{N_1^2 + N_2^2} \times 100\% \qquad (1 - 5 - 1)$$

式中,ΔD 为离差百分率,N_1 为 ANSYS 模拟值,N_2 为拉伸试验值。

$$D_t = \sqrt{D_X^2 + D_Y^2} \qquad (1 - 5 - 2)$$

式中,D_t 为全位移,D_X 为 X 方向位移,D_y 为 Y 方向位移。

$$S_t = \sqrt{S_X^2 + S_Y^2} \qquad (1 - 5 - 3)$$

式中,S_t 为全应变,S_X 为 X 方向应变,S_Y 为 Y 方向应变。

拉伸试验数据标准化方法

$$S_{max} = av(S_{max1}, S_{max2}, S_{max3}, \cdots\cdots) \qquad (1 - 5 - 4)$$

S_{max} 为最大全应变值,$av(S_{max1}, S_{max2}, S_{max3}, \cdots\cdots)$ 为同一区域内相邻几点相对较大应变平均值。

(2)ANSYS 模拟结果与拉伸试验结果之间的关系方程

圆型钩 14/0 - 4.5 与环型钩 3.4 - 4.5 应变、位移 ANSYS 模拟结果与拉伸试验结果之间的关系以下列方程来拟合:

$$Y = a \times x \qquad (1 - 5 - 5)$$

式中,a 为拟合参数,x 为 ANSYS 模拟值,Y 为拉伸试验值。

(3)卡方检验

当拉力为 500 N 和 800 N 时,分别对圆型钩 14/0 - 4.5 和环型钩 3.4 - 4.5 ANSYS 模拟与

拉伸试验点分析方法、全场分析方法实测的应变、位移数据进行卡方检验,检验使用 ANSYS 模拟与拉伸试验方法得出的结果是否存在显著性差异。

5.2 结果

5.2.1 圆型钩 14/0 - 4.5

5.2.1.1 点分析与 ANSYS 比较

（1）拉力为 500 N 时

当拉力为 500 N 时,圆型钩 14/0 - 4.5 X、Y 方向位移如图 1 - 5 - 1 所示。

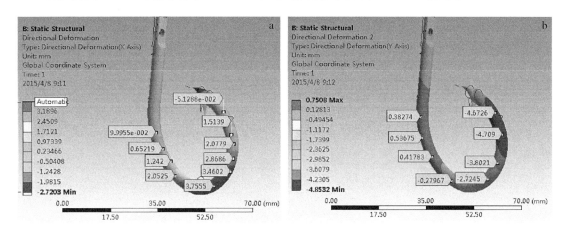

图 1 - 5 - 1 拉力 500 N 时圆型钩 14/0 - 4.5 X/Y 方向位移云图

（a）X 方向位移 （b）Y 方向位移

当拉力为 500 N 时,圆型钩 14/0 - 4.5 ANSYS 模拟与拉伸试验实测的应变、位移数据见表 1 - 5 - 1。

表 1 - 5 - 1 圆型钩 14/0 - 4.5 拉力为 500 N 时 ANSYS 与
拉伸试验点分析测定值卡方检验结果

	方 向	ANSYS	区 域	试 验	区 域	定 性	离差率	p
应变	全	0.007 8	后弯内	0.012	后弯		-27%	
位移/mm	X	3.93	钩底外	3.51	钩底前	一致	8%	0.995
	Y	-4.85	前弯外	-3.92	钩底前		-15%	
	全	5.15	前弯外	5.26	钩底前		-2%	

由表 1 - 5 - 1 得,当拉力为 500 N 时,ANSYS 分析结果与钓钩拉伸试验结果一致。应变、X、Y、全位移分布规律相同,皆为后弯应变相对较大。前弯 X、Y、全位移较大。

ANSYS 与拉力试验位移值相对离差较小,且基本为负值,即 ANSYS 模拟值比实测值略小。ANSYS 与拉力试验应变值相对离差较大,且为负值,即 ANSYS 模拟值比实测值小。

对 ANSYS 与拉伸试验两列数据进行卡方检验,$p = 0.995\ 4 \gg 0.05$,说明 ANSYS 模拟结果与实测结果基本一致,可对钓钩实际受力情况进行精确模拟。

（2）当拉力为 800 N 时

当拉力值为 800 N 时,圆型钩 14/0 - 4.5 ANSYS 位移、应变如图 1 - 5 - 2 所示。

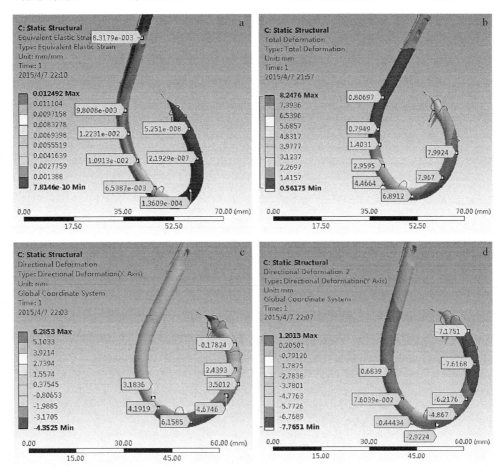

图 1 - 5 - 2　圆型钩 14/0 - 4.5 位移、应变云图

（a）应变　（b）全位移　（c）X 方向位移　（d）Y 方向位移

当拉力为 800 N 时,圆型钩 14/0 - 4.5 应变、位移数据见表 1 - 5 - 2。

表 1 - 5 - 2　圆型钩 14/0 - 4.5 拉力为 800 N 时 ANSYS 与拉伸试验点分析测定值卡方检验结果

	方　向	ANSYS	区　域	试　验	区　域	定　性	离差率	p
应变	全	0.013	后弯	0.018	后弯		-23%	
	X	6.3	钩底	5.3	钩底后	一致	12%	0.99
位移/mm	Y	-7.8	前弯,钩前轴	-6.7	钩底		-11%	
	全	7.8	前弯	8	钩底		-2%	

由表 1 - 5 - 2 得,当拉力为 800 N 时,ANSYS 模拟数据与实测数据拟合度同样较高,离差值应变较高,为 -23%,位移离差值较小。与 500 N 比较时,分布规律相同,但各值均有所增大。说明此时,钓钩依然为弹性应变。

对 ANSYS 与拉伸试验两列数据进行卡方检验,$p = 0.992 \gg 0.05$,说明 ANSYS 模拟结果与实测结果基本一致,可对钓钩实际受力情况进行精确模拟。

5.2.1.2 全场分析与 ANSYS 比较

由全场分析可以看出位移、应变随时间的变化情况,并结合拉力与时间关系数据,可以得到位移、应变与拉力的关系。应用全场方法对 ANSYS 模拟数据进行验证。

当拉力分别为 500 N、800 N 全场分析时,圆型钩 14/0 - 4.5 应变、位移数据见表 1 - 5 - 3。

表 1 - 5 - 3　圆型钩 14/0 - 4.5 拉力分别为 500 N、800 N 时 ANSYS 与拉伸试验全场分析测定值卡方检验结果

拉　力		方　向	ANSYS	区　域	试　验	区　域	定　性	离差率	p
500 N	应变	全	0.007 8	后弯内	0.012	后弯,后弯后侧	一致	−31%	0.9
	位移/mm	X	3.9	钩底外	3.5	后弯前		8%	
		Y	−4.9	前弯外	−4	后弯前		−14%	
		全	5.2	前弯外	4.5	后弯前		10%	
800 N	应变	全	0.012	后弯	0.015	后弯,后弯后侧	一致	−14%	0.98
	位移/mm	X	6.29	钩底	6.5	后弯后		−2%	
		Y	−7.8	前弯,钩前轴	−6.3	后弯前		−15%	
		全	8.25	前弯	9.05	后弯		−7%	

采用全场方法对 ANSYS 模拟情况进行验证。钓钩各结构分布情况基本一致,拟合度较高。500 N、800 N 应变离差率较大且为负,即 ANSYS 模拟数据比实测数据小。位移数据离差率较小,可以以 ANSYS 数据为依据。

5.2.2　环型钩 3.4 - 4.5

5.2.2.1　点分析与 ANSYS 比较

(1) 当拉力为 500 N 时

当拉力为 500 N 时,环型钩 3.4 - 4.5 X、Y 方向位移如图 1 - 5 - 3 所示。

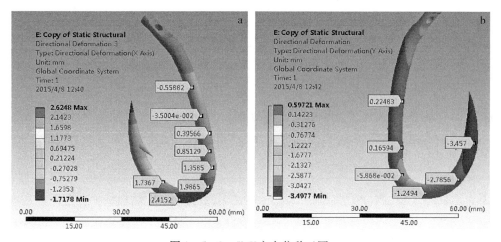

图 1 - 5 - 3　X/Y 方向位移云图
(a) X 方向位移　(b) Y 方向位移

当拉力为 500 N 时,环型钩 3.4 - 4.5 应变、位移数据见表 1 - 5 - 4。

表 1 - 5 - 4　环型钩 3.4 - 4.5 拉力为 500 N 时 ANSYS 与拉伸试验点分析测定值卡方检验结果

	方　向	ANSYS	区　域	试　验	区　域	定　性	离差率	p
应变	全	0.007 8	后弯	0.010 3	后弯后侧		-19%	
	X	2.63	钩底,后弯后侧	2.98	后弯后侧	一致	-9%	0.99
位移/mm	Y	-3.5	前弯,钩前轴	-3.18	钩底		-7%	
	全	3.5	前弯,钩前轴	4.36	钩底		-15%	

由表 1 - 5 - 4 得,当拉力为 500 N 时,环型钩 3.4 - 4.5 ANSYS 分析结果与拉伸试验结果表明:ANSYS 值均小于拉伸试验值,且等效应变、全位移误差略大,分别为 -19%、-15%。卡方检验 $p = 0.99 \gg 0.05$,即 ANSYS 值与拉伸试验值皆无显著性差异,ANSYS 符合设计要求。

(2) 当拉力为 800 N 时

当拉力为 800 N 时,环型钩 3.4 - 4.5 位移、应变如图 1 - 5 - 4 所示。

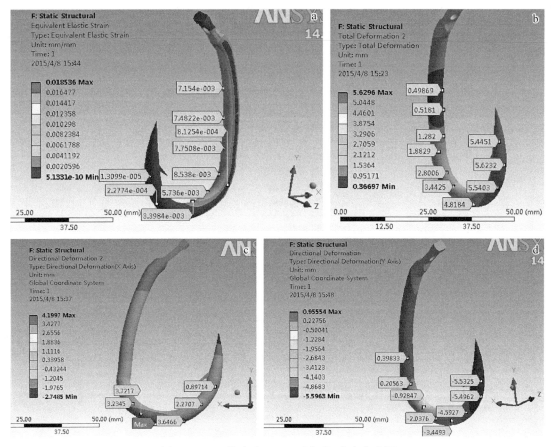

图 1 - 5 - 4　拉力为 800 N 时位移、应变分布图
(a) 应变　(b) 总位移　(c) X 方向位移　(d) Y 方向位移

当拉力为 800 N 时,环型钩 3.4 - 4.5 应变、位移数据见表 1 - 5 - 5。

表 1-5-5　环型钩 3.4-4.5 拉力为 800 N 时 ANSYS 与拉伸试验点分析测定值卡方检验结果

	方　向	ANSYS	区　域	试　验	区　域	定　性	离差率	*p*
应变	全	0.017	后弯内	0.025	后弯后		-29%	
	X	4.2	钩底,钩底后	3.7	后弯前	一致	10%	0.99
位移/mm	Y	-5.6	前弯,钩前轴	-4.8	钩底		-11%	
	全	5.6	前弯,钩前轴	6	钩底		-5%	

注：后弯内——后弯内侧

由表 1-5-5 得,当拉力为 800 N 时,环型钩 3.4-4.5 ANSYS 分析结果与拉伸试验结果表明与拉力为 500 N 时结果基本一致。应变离差率较大为 -29%。

5.2.2.2　全场分析与 ANSYS 比较

当拉力分别为 500 N、800 N 时,环型钩 3.4-4.5 ANSYS 与拉伸试验全场分析等效应变、位移及卡方检验结果见表 1-5-6。

表 1-5-6　环型钩 3.4-4.5 拉力分别为 500 N,800 N 时 ANSYS 与拉伸试验全场分析测定值卡方检验结果

拉　力		方　向	ANSYS	区　域	试　验	区　域	定　性	离差率	*p*
500 N	应变	全	0.007 8	后弯	0.009 4	后弯		-13%	
		X	2.6	钩底,后弯后侧	1.9	后弯前	一致	22%	0.99
	位移/mm	Y	-3.5	前弯,钩前轴	-3.5	后弯前远		0.04%	
		全	3.52	前弯,钩前轴	3.51	后弯前		0.2%	
800 N	应变	全	0.017	后弯内	0.018	后弯后		-4%	
		X	4.2	钩底,后弯后侧	4	后弯,后弯后侧	一致	3%	0.98
	位移/mm	Y	-5.6	前弯,钩前轴	-7	后弯前		16%	
		全	5.63	前弯,钩前轴	8.06	后弯,钩底		-25%	

注：后弯前远——后弯前侧远端,后弯内——后弯内侧,后弯后——后弯后侧

由表 1-5-6 得,当拉力为 500 N 时,环型钩 3.4-4.5 ANSYS 分析结果与拉伸试验结果表明：ANSYS 模拟应变值略小于试验值,离差率为 -13%。位移值几乎相同。

当拉力为 800 N 时,环型钩 3.4-4.5 ANSYS 分析结果与拉伸试验结果表明：由于拉伸试验只能测量钓钩钩底后侧等区域,而 ANSYS 可以模拟钓钩任意区域,故应变、位移最大区域略有差异,但分布趋势较一致。ANSYS 模拟值小于拉伸试验值,应变误差较小,位移误差较大,离差率分别为 -4%、-25%。对其进行卡方检验,无显著性差异。

5.2.3　ANSYS 模拟结果与拉伸试验结果关系

（1）相关关系描述

由于数值模拟数据与拉伸试验数据有一定偏差,但趋于线性关系。为了提高 ANSYS 模拟精度,等效应变、全位移做一元线性拟合,以匹配拉伸试验数据。

选择该章圆型钩 14/0-4.5 和环型钩 3.4-4.5 等效应变、位移数据,利用一元线性回归的方法得出拟合方程。圆型钩 14/0-4.5 和环型钩 3.4-4.5 的拟合结果如图 1-5-5 和

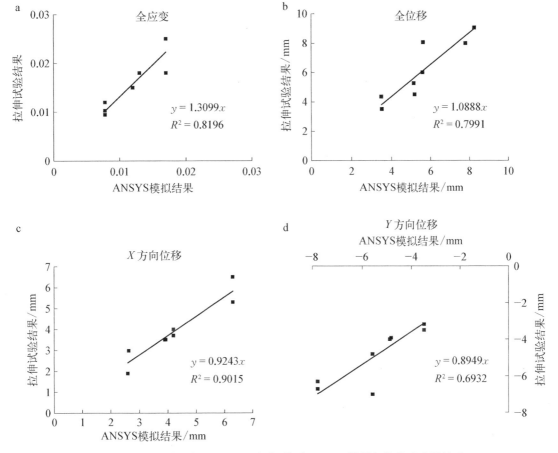

图 1－5－5　圆型钩 14/0－4.5 应变、位移 ANSYS 模拟与拉伸试验的关系
（a）圆型钩 14/0－4.5 应变　（b）圆型钩 14/0－4.5 位移
（c）圆型钩 14/0－4.5 X 方向位移　（d）圆型钩 14/0－4.5 Y 方向位移

图 1－5－6 所示。

由图 1－5－5 得,圆型钩 14/0－4.5 应变、位移 ANSYS 模拟结果与拉伸试验结果之间的关系方程如下:

全应变: $y = 1.309\,9x$, $R^2 = 0.819\,6$ 　　　　　　　　　　　　　　　　　　　　　（1－5－6）

全位移: $y = 1.088\,8x$, $R^2 = 0.799\,1$ 　　　　　　　　　　　　　　　　　　　　　（1－5－7）

X 方向位移: $y = 0.924\,3x$, $R^2 = 0.901\,5$ 　　　　　　　　　　　　　　　　　　（1－5－8）

Y 方向位移: $y = 0.894\,9x$, $R^2 = 0.693\,2$ 　　　　　　　　　　　　　　　　　　（1－5－9）

由图 1－5－6 得,环型钩 3.4－4.5 应变、位移 ANSYS 模拟结果与拉伸试验结果之间的关系方程如下:

全应变: $y = 1.068\,3x$, $R^2 = 0.981$ 　　　　　　　　　　　　　　　　　　　　　（1－5－10）

全位移: $y = 1.018\,9x$, $R^2 = 0.985$ 　　　　　　　　　　　　　　　　　　　　　（1－5－11）

X 方向位移: $y = 1.027\,2x$, $R^2 = 0.983$ 　　　　　　　　　　　　　　　　　　（1－5－12）

Y 方向位移: $y = 1.019\,5x$, $R^2 = 0.987$ 　　　　　　　　　　　　　　　　　　（1－5－13）

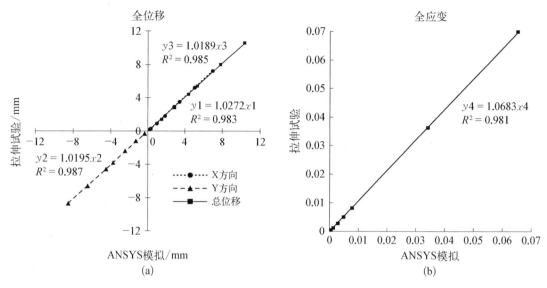

图 1 - 5 - 6　环型钩 3.4 - 4.5 位移、应变 ANSYS 模拟与拉伸试验的关系

（a）环型钩 3.4 - 4.5 位移　（b）环型钩 3.4 - 4.5 应变

（2）Pearson 相关系数

相关系数是度量两个变量之间线性关系强度的统计量。公式如下[76]：

$$r = \frac{\sum (x - \bar{x})(y - \bar{y})}{\sqrt{\sum (x - \bar{x})^2 \times \sum (y - \bar{y})^2}} \qquad (1 - 5 - 14)$$

由公式 1 - 5 - 10 得,圆型钩 14/0 - 4.5 与环型钩 3.4 - 4.5 应变、位移 ANSYS 模拟结果与拉伸试验结果之间的 Pearson 相关系数、相关系数检验结果见表 1 - 5 - 7。

表 1 - 5 - 7　圆型钩 14/0 - 4.5 与环型钩 3.4 - 4.5 应变、位移 ANSYS 模拟结果与
拉伸试验结果之间的相关系数与检验

钩　　　型		全应变	全位移	X 方向位移	Y 方向位移
圆型钩 14/0 - 4.5	相关系数 r	0.91	0.89	0.95	0.84
	p 值	0.001 5	0.002 7	0.000 3	0.008 45
环型钩 3.4 - 4.5	相关系数 r	0.981	0. 985	0.983	0.987
	p 值	1.155×10^{-14}	2.651×10^{-12}	7.651×10^{-12}	4.645×10^{-13}

由表 1 - 5 - 7 得,p 值皆小于 0.05,表明 ANSYS 模拟结果与拉伸试验结果之间的线性关系显著。

5.3　讨论

5.3.1　数值模拟结果与实测结果比较分析

拉力分别为 500 N、800 N 时,钓钩受拉分布区域较为一致。等效应变模拟值与试验值误

差略大,主要取决于 UG 钓钩模型的精度、DIC 系统的局限性与准确率,如全场分析时运算量较大,照片质量等会影响分析结果;但 DIC 系统的试验数据已足够满足精度要求,可作为 ANSYS 模拟参考依据。可为钓钩拉伸研究提供可靠的分析方法。

　　Y 方向位移 ANSYS 值与拉力试验值误差较小,且 Y 方向为主要变形方向,即 ANSYS 模拟值与实测值相似度较高,具有参考价值;而 X 方向的位移离差有较大变化,误差略大。故应修正 ANSYS 模型的加载条件,使试验数据与模拟数据契合度更高,也是以后研究的目标之一。

　　采用点分析、全场分析对 ANSYS 模拟情况进行验证,钓钩力学特性分布情况基本一致,拟合度较高。500 N、800 N 应变离差率误差略大,位移数据离差率误差较小,且 ANSYS 模拟数据比实测数据小。由于等效应变为各应变分量经适当组合而形成的,应力为截面某一点单位面积上的内力,且试验过程中应力、应变应为线性关系,即为塑性变形状态,运算较复杂。且 ANSYS 与 DIC 系统定义、应力应变单位面积也可能有差异,最终导致应变误差较大。故采用 ANSYS 对实际情况进行模拟时,应根据实际情况进行适当调整。

　　对 ANSYS 与拉伸试验两列数据进行卡方检验。当拉力为 500 N 时 p 值略小于 800 N 时 p 值,说明 0~500 N 模拟精度大于 500~800 N;由于 0~500 N 时由弹性变形转变为塑性变形,发生突变,会出现一定误差。

　　但根据卡方检验 $p \gg 0.05$,两种分析方法钓钩力学特性无显著性差异,故 ANSYS 模拟数据满足精度要求,可作为钓钩分析依据。可对钓钩实际作业受力情况进行精确模拟。

5.3.2　ANSYS 模拟结果与拉伸试验结果之间的关系

　　由于钓钩实测试验影响因素较多,包括钓钩灰度处理,钓钩受力位置、大小的差异性,DIC 系统的运算速度等,都会影响拉伸试验的结果;而 ANSYS 模型相对简化,考虑主要影响因素,为理想实验情况,故结果会产生差异性。ANSYS 与拉伸试验数据显示,两种分析方法应变与位移成比例关系,故可乘以拟合系数以提高精度。本节虽只根据圆型钩 14/0 - 4.5 与环型钩 3.4 - 4.5 应变、位移数据得出拟合系数,但具有代表性,可由此估计其他相对应的圆型钩与环型钩拟合系数。

6　总　结　与　展　望

6.1　总结

6.1.1　ANSYS 模拟结果

（1）ANSYS 模拟定性分析

　　当拉力分别为 500 N、800 N 时,钓钩内侧、外侧的应力、应变、位移值不同,但皆为后弯应变相对较大,前弯全位移较大。其中外侧位移最大变化率为 9.02%＜12%,符合标准;后弯处等效应变最大,变化率为 0.78%;后弯及钩前轴区域,无论内外侧都属于危险区域,分别为最易破坏区域以及位移最大区域,为研究重点。对钓钩结构作相关改进时,此为重要的研究区域,以设计出更加耐用的高抗变钓钩。

（2）圆型钩 13/0－4.5 与圆型钩 14/0－4.5 结果对比

圆型钩 13/0－4.5、14/0－4.5 应力分布特征相似，最大等效应变和最大等效应力最大区域都是后弯部分，全位移的最大区域在前弯。圆型钩 14/0－4.5 最大等效应变率为 0.78%，圆型钩 13/0－4.5 为 0.54%。圆型钩 14/0－4.5 最大全位移变化率是 9.02%，圆型钩 13/0－4.5 是 6.08%。综上，圆型钩 13/0－4.5 的最大等效应变率和最大全位移变化率都小于圆型钩 14/0－4.5，故圆型钩 13/0－4.5 刚度、抗拉性能优于圆型钩 14/0－4.5。

（3）环型钩 3.4－4.5 与环型钩 4.2－5.5 结果对比

环型钩 3.4－4.5 受拉力 500 N 与环型钩 4.2－5.5 受拉力 800 N 时比较。应力分布特征相似，环型钩 3.4－4.5 最大等效应变率为 0.46%，环型钩 4.2－5.5 最大等效应变率为 0.18%。环型钩 3.4－4.5 最大全位移变化率是 6.37%，而环型钩 4.2－5.5 最大全位移变化率是 1.31%。综上，即使环型钩 4.2－5.5 的拉力大于环型钩 3.4－4.5 所受拉力，环型钩 3.4－4.5 等效应变率和全位移变化率都大于环型钩 4.2－5.5，因此环型钩 4.2－5.5 钓钩强度、刚度、抗拉性能优于环型钩 3.4－4.5。即钓钩材料直径对钓钩力学性能起决定作用。

（4）数值模拟与实际作业情况差异分析

钓钩在受拉力分别为 500 N、800 N 作用时，最大等效应力偏大。这是由于简化模型，假设鱼体咬钩力是作用于钩底的一定区域；而实际作业中，咬钩力因鱼嘴具有一定宽度，是一个分布力，受力范围大于建模的范围，故实际应力值比模型值要小。在实际作业中，因鱼体的反抗在刚受力时变化较为剧烈，且挣脱力情况比较复杂，可根据 ANSYS 图像较为直观地得到钓钩力学特性、结构变化情况，对实际不同大小金枪鱼咬钩的变形趋势可提供参考依据。故 ANSYS 在简化模型基础上，对模拟实际金枪鱼咬钩具有参考意义，且可对钓钩优化设计提供方案。

（5）圆型钩 14/0－4.5 与环型钩 3.4－4.5 力学性能分析

圆型钩 14/0－4.5 与环型钩 3.4－4.5 后弯弧长、半径比分别为 1.67∶1、2.2∶1。当钓钩受拉时，圆型钩 14/0－4.5 应力主要集中于后弯，而环型钩 3.4－4.5 最大应力范围为后弯及钩后轴区域，圆型钩 14/0－4.5 主要应力范围小于环型钩 3.4－4.5。故当拉力相同时，圆型钩 14/0－4.5 应力相对较大。

圆型钩 14/0－4.5 钩底宽度为 24 mm，环型钩 3.4－4.5 为 13 mm。钩底宽度比为 1.85∶1。当钓钩受重力自然垂下时，圆型钩 14/0－4.5 前弯在最低点，环型钩 3.4－4.5 后弯在最低点。圆型钩 14/0－4.5 前弯弧长及半径较小，弧度较大；而环型钩 3.4－4.5 前弯弧长及半径较大，弧度较小。故当钓钩受拉时，圆型钩 14/0－4.5 钩前轴及尖芒等区域比环型钩 3.4－4.5 更早受到影响而引起变形。

（6）圆型钩 14/0－4.5 与圆型钩 13/0－4.5 力学性能分析

钓钩受力形式类似于悬臂梁，圆型钩 13/0－4.5 与圆型钩 14/0－4.5 几何形状和钩轴直径相同，故钓钩后弯区域力矩与由于力矩引起的应力呈正相关关系。当拉力相同时，圆型钩 13/0－4.5 比圆型钩 14/0－4.5 偏小，即 13/0－4.5 钩宽、钩长小，导致后弯力矩小，引起的应力小，故圆型钩 13/0－4.5 强度较高。同理，圆型钩 13/0－4.5 钩前轴及尖芒区域力矩小于 14/0－4.5，故圆型钩 13/0－4.5 由力矩引起的变形比圆型钩 14/0－4.5 小；但由于圆型钩较小，无法起到防止海龟误捕的作用，故生态型圆型钩多以圆型钩 14/0－4.5 研究为主。

（7）环型钩 4.2－5.5 与环型钩 3.4－4.5 力学性能分析

钓钩受力形式类似于拉压杆模型。当拉力不变时，材料应力与横截面面积呈反比关系。环型钩 4.2－5.5 与环型钩 3.4－4.5 为同系列钓钩，形状相同。环型钩 4.2－5.5 钩轴横截面面积是环型钩 3.4－4.5 的 1.5 倍，故环型钩 4.2－5.5 应力、应变小于环型钩 3.4－4.5。环型钩 4.2－5.5 刚度大于环型钩 3.4－4.5，故当受力相同时，环型钩 4.2－5.5 变形较小，即位移较小。

6.1.2　钓钩拉伸试验结果

（1）钓钩试验方法特点

用数字图像相关法测量钓钩位移、应变，具有以下优势：① 只需要简单的散斑制作就可以满足试验要求；② 测量间距可以设置一个较小的值，具有很强的灵活性；③ 可以测量所选点、所选全场的位移、应变分布情况。

当拉力为 0~1 200 N 范围内，钓钩点分析、全场分析试验结果与数值差异较小，说明 DIC 测量钓钩拉伸变形精度较高。本次试验中拉力机均以 15 mm/min 速度拉伸，由于不同型号钓钩的结构差异性，导致其数值不同。拉力加大过程中，钓钩由弹性变形转为塑性变形继而失效，且在此过程中，钓钩受力也在不断变化，继而影响后续的形变轨迹，即钓钩结构特征决定了应力和变形过程。

（2）点分析方法与全场分析方法优缺点比较

点分析方法对钓钩需分析的区域选择一定数量的点进行测定并分析，可以获得钓钩研究区域的应力、应变、位移与拉力之间的关系曲线及数据，且结果较精确。全场分析可得出拉伸过程中钓钩重点区域的受力分布情况，实验数据需从彩图读取，主要以定性分析为主。分析了钓钩某一区域受拉形变过程的不同阶段，做了详细记述。定量分析以点分析结果为主，全场分析可以直观展现。故拉伸试验结果应将此两种方法相结合。

（3）环型钩 3.4－4.5 与环型钩 4.2－5.5 结果对比

拉力为 0~500 N 时，环型钩 3.4－4.5 全位移最大为 2.19 mm，等效应变最大为 0.048。环型钩 4.2－5.5 全位移最大为 0.81 mm，最大等效应变为 0.021。综上，增加钩轴直径对提高钓钩的强度、减小变形有显著效果，即若需增大钓钩尺寸，则需适当增大钩轴直径，以弥补尺寸增大造成的力学性能下降。

（4）圆型钩 14/0－4.5 与环型钩 3.4－4.5 结果对比

当拉力为 0~500 N、500 N~800 N 时，最大等效应变区域，圆型钩 14/0－4.5 为后弯，而环型钩 3.4－4.5 为后弯后侧。说明当所受拉力相同时，最大应变及应力略有不同，环型钩区域比圆型钩略靠后，为钩后轴处。钩后轴弧度较小，因此环型钩不容易被破坏。最大位移圆型钩 14/0－4.5 为钩底及前侧，而环型钩 3.4－4.5 为钩底，说明最大位移区域圆型钩比环型钩略靠前，近钩前轴处。圆型钩尖芒变形较大，当发生变形时，鱼比较容易脱钩。

当拉力为 0~500 N 时，圆型钩 14/0－4.5 最大等效应变为 0.012，环型钩 3.4－4.5 为 0.01，离差率为 8.74%。圆型钩 14/0－4.5 最大位移为 5.16 mm，环型钩 3.4－4.5 为 4.36 mm，离差率为 13.22%。环型钩 3.4－4.5 应变、位移皆小于圆型钩 14/0－4.5。

在钓钩直径相同、结构大小相近的条件下，圆型钩的应变比环型钩低-4.48%，全位移高

19.10%，强度低 23.52%。对离差率进行卡方检验得 $p = 0.024 < 0.05$。离差率具有显著性差异，即环型钩 3.4 – 4.5 优于圆型钩 14/0 – 4.5。

（5）环型钩 4.2 – 5.5 与环型钩 3.4 – 4.5 力学性能分析

钓钩拉伸试验与钓钩数值模拟受力、约束相似，同样类似于拉压杆模型。环型钩 4.2 – 5.5 直径大于环型钩 3.4 – 4.5，导致环型钩 4.2 – 5.5 截面面积大于环型钩 3.4 – 4.5。最终导致环型钩 4.2 – 5.5 比环型钩 3.4 – 4.5 应变、位移分别降低了 57.14%、97.76%。

即当直径增加了 22.22% 时，强度至少提高 57.14%，变形减小 97.76%。

（6）圆型钩 14/0 – 4.5 与环型钩 3.4 – 4.5 力学性能分析

1）力学性能差异分析

圆型钩 14/0 – 4.5 与环型钩 3.4 – 4.5 钩轴直径相同，钩长比为 1∶1，钩宽比为 1.28∶1。而由于结构原因，圆型钩与钢丝绳（夹具）初始受力点在钩底偏前侧区域，环型钩在钩底偏后侧区域。综上，圆型钩力矩至少增大了 28%，导致圆型钩应力增大。而此两种拉伸试验结果仅能代表这两个型号之间的对比结果，圆型钩与环型钩力学性能应做进一步对比分析。

2）等效应变

钓钩拉伸试验模型可看作悬臂梁模型。钓钩受力点在钩底处，固定点在钩轴上端钩环处。当后弯弧长半径越大时，固定点与受力点水平距离越长，后弯及钩后轴区域力矩越大。环型钩钩后轴相对较长、弯度较小，后弯弧长半径较小，弧度较大，由钩后轴过渡到钩底较快。而圆型钩钩后轴相对较短，后弯弧长半径较大，弧度较小且由钩后轴平滑过渡到钩底。导致圆型钩 14/0 – 4.5 后弯及钩后轴力矩大于环型钩 3.4 – 4.5。

3）位移

初始状态时，圆型钩 14/0 – 4.5 受力点比环型钩 3.4 – 4.5 更加靠近前弯区域，且圆型钩 14/0 – 4.5 尖高 39 mm 大于环型钩尖高 36 mm，拉弯角度相同时，尖高越长，绝对位移越大。圆型钩 14/0 – 4.5 钩前轴向钩内侧倾斜，角度约为 20°，且尖芒向钩内侧弯曲，弯度较大，约为 60°；而环型钩 3.4 – 4.5 钩前轴、尖芒为竖直向上。综上，圆型钩 14/0 – 4.5 前弯、钩前轴易被首先拉直而后向钩外侧弯曲，而环型钩需首先将钩底拉平，而后逐步过渡到前弯。因此当拉力相同时，圆型钩 14/0 – 4.5 比环型钩 3.4 – 4.5 位移大。

4）实际作业力学性能要求

当拉力为 800 N 时，即钓获金枪鱼重量约为 80 kg 时，钓钩为弹性变形或塑性变形。圆型钩 14/0 – 4.5、环型钩 3.4 – 4.5，应变率分别为 1.8%、2.5%，变形率分别为 11.4%、9.2%，皆小于 12%。故两种钩型皆满足实际作业力学性能要求。

圆型钩相对于环型钩而言，可以减少对海龟等的误捕，有效保护濒危物种，是良好的生态保护型钓钩，是今后钓钩发展的趋势。对圆型钩应进一步研究及改进，在延绳钓作业中逐步代替环型钩。由于金枪鱼经济价值较高，且超大型金枪鱼上钩率较低，故目前金枪鱼延绳钓钓钩采用尺寸适中的圆型钩即可，如 14/0 – 4.5。

6.1.3 ANSYS 与拉伸试验结果对比

等效应变模拟值与试验值差值略大，这主要取决于 UG 钓钩模型的精度、DIC 系统的局限性与准确率。全场分析数值需从彩图直接读取,误差率比点分析略大,以定性分析为主;但 DIC 系统含内置精度检测系统,可作为 ANSYS 模拟参考依据,为钓钩研究提供可靠的分析方法。

Y 方向位移 ANSYS 值与拉力试验值相对离差变化较小,ANSYS 模拟值与实测值近似度较高。X 方向的位移误差略大,应进一步修正 ANSYS 模型的加载条件。

采用点分析、全场分析对 ANSYS 模拟情况进行验证,拟合度较高。应变离差率误差略大,ANSYS 模拟数据比实测数据小,应做拟合方程进行匹配。位移数据离差率误差较小。

对 ANSYS 与拉伸试验数据卡方检验,$P \gg 0.05$,即模拟与实测结果无显著性差异,因此 ANSYS 可对钓钩海上实际作业受力情况进行精确模拟。

ANSYS 与拉力试验位移值相对离差较小,全位移、X 方向位移、Y 方向位移平均离差值分别为 -5.6%、6.3%、-7.1%;应变值相对离差略大,约为 -20%。即应变模拟精度较低,且模拟值小于实测值。应将 ANSYS 应变和位移值乘以拟合系数,以匹配拉伸试验数据。

6.1.4　圆型钩与环型钩力学性能比较

根据卡方检验,环型钩 3.4 – 4.5 与圆型钩 14/0 – 4.5 受力产生位移与应变无显著性差异。根据离差率得,环型钩 3.4 – 4.5 的力学性能(强度和刚度)优于圆型钩 14/0 – 4.5,但圆型钩 14/0 – 4.5 亦满足使用要求。

环型钩 3.4 – 4.5 虽然部分力学性能优于圆型钩 14/0 – 4.5,但其结构容易造成鱼体死亡,会威胁海龟等保护动物的生存;而圆型钩是良好的生态保护型钓钩,可降低对海龟等保护动物的误捕,满足生态保护等要求,且其力学性能满足使用要求。

6.2　研究创新点

1)本章应用现代科技手段对金枪鱼延绳钓生态型捕捞技术进行了研究,首次采用三维建模软件 UG,对目前较流行的系列金枪鱼类钓钩建立 3D 模型,并采用大型有限元分析软件 ANSYS,模拟金枪鱼类钓钩的拉伸试验。利用万能试验机对钓钩进行拉伸试验,对计算机模拟的钓钩应变、位移情况进行验证。

2)本章第一次利用数字图像相关法(DIC)研究金枪鱼延绳钓钓钩的应变、位移分布情况。根据 DIC 实时测量平面内的钓钩变形,其优势在于:① 可以同时测算钓钩 X、Y 方向的应变、位移;② 此次非接触的测量方式不易发生测量失效,适用于钓钩小变形测量;③ 可以对钓钩特定点、区域进行实时跟踪。

3)可采用有限元分析的方法获得钓钩应力、应变、变形分布模式,验证可利用材料力学理论、CAD、UG、ANSYS 对钓钩的结构进行优化设计。

4)对比不同型号、尺寸钓钩的力学性能,环型钩 3.4 – 4.5 与圆型钩 14/0 – 4.5 受力产生位移与应变无显著性差异。根据离差率得,环型钩 3.4 – 4.5 的力学性能(强度和刚度)优于圆型钩 14/0 – 4.5,但圆型钩 14/0 – 4.5 亦满足使用要求。

6.3　存在的不足

1）在作金枪鱼咬钩后的冲击力和挣扎力分析时，引用的经验公式、K 系数的量纲有待进一步验证。

2）由于建立的每个模型都有各自的假设条件，模拟中所涉及现实因素复杂多变，其受力、约束也相当复杂。在国内外研究中，都需要不同程度地简化模型中的参数，影响了其模拟的精度，各种仿真模拟的计算结果和试验结果都存在一定偏差。

3）DIC 具有一定局限性，对钓钩表面灰度处理、光照等试验条件有较高要求，点分析选取的有限点具有随机性，且应变只能算 X 或 Y 单方向的应变。全场分析对选定区域图片质量要求较高，计算量较大，适用于小范围的定性分析。

4）本章拉伸试验数据偏少，应从不同角度对钓钩继续进行大量实验，验证结论是否正确。

5）评判标准比较单一，应从统计学角度增加试验结果考核指标，全面比较钓钩力学特性。

6.4　展望

仿真模拟技术作为科学研究领域高效的技术手段之一，将作为研究工具、设计工具、决策工具更好地应用到渔具模拟上，将会丰富渔具的研究方法，减少试验时间，提高效率，有效指导渔具的设计和优化。

6.4.1　钓钩理论分析

建议今后可通过对金枪鱼类、海龟咬钩时嘴与圆型钩、环型钩之间的相互作用机理进行力学分析，并且通过改变或设计钓钩的结构，研究钓钩与金枪鱼类、海龟之间作用力变化，采用怎样的结构可提高上钩率和降低误捕率，继而对生态型钓钩的结构进行优化。这方面的基础研究可以用以指导钓钩的制造，同时在不影响金枪鱼类捕获率的前提下，为减少误捕海龟做出一定的贡献。这也是延绳钓钓钩向生态友好发展的必然趋势。

从材料力学角度为圆型钩结构、材料等优化设计提供理论依据和建议。

6.4.2　钓钩数值模拟

更加详细分析不同结构、尺寸的实体钓钩的技术参数，提高钓钩 UG 三维模型的质量。对钓钩 ANSYS 模型施加更精细的力和约束，以便更好地研究和模拟金枪鱼类钓钩的受力情况。

建立圆型钩优化模型，并增加比较偏角 5°、10°、15° 等钓钩的力学特性。

6.4.3　钓钩拉伸试验

根据试验情况，分析金枪鱼类钓钩各部位的力学特性，对位移、应变较大的区域再详细研究,如选点和区域,从而提高试验分析的准确性。

根据数字图像相关法全程记录二维的钓钩应变、位移过程方法,扩展为双摄像机数字图像法测量钓钩的三维拉伸试验过程,并有针对性地定性和定量验证计算机的模拟结果。

增加几种目前较流行、应用广泛的金枪鱼类钓钩如 J 型钩等,并在拉伸试验已成熟的基础上,探索适合于钓钩扭转等的试验条件。

参 考 文 献

[1] UNEP. Report of the intergovernmental negotiating committee for a convention on biological diversity[R]. 7th Negotiating Session, 5th Session of the International Negotiating Committee, U. N. Doc., UNEP/Bio. Div/N7 - INC. 5/4(1992), at 35.

[2] COELHO R, SANTOS M N, FERNANDEZ-CARVALHO J, et al. Effects of hook and bait in a tropical northeast Atlantic pelagic longline fishery: Part I — Incidental sea turtle bycatch[J]. Fisheries Research, 2014, 164(2015): 302 - 311.

[3] 周应棋,许柳雄,何其渝.渔具力学[M].北京: 中国农业出版社,2001.

[4] JEFFREY A S, AARON D S, STEVEN J C, et al. The influence of hook size, type, and location on hook retention and survival of angled bonefish (*Albula vulpes*)[J]. Fisheries Research, 2012, 113(1): 147 - 152.

[5] ANDRAKA S, MUG M, HALL M, et al. Circle hooks: Developing better fishing practices in the artisanal longline fisheries of the Eastern Pacific Ocean[J]. Biological Conse rvation, 2013, 160(2013): 214 - 224.

[6] SERAFY J E, COOKE S J, DIAZ G A, et al. Circle hooks in commercial, recreational and artisanal fisheries: research status and needs for improved conservation and management[J]. Bulletin of Marine Science, 2012, 88(3): 371 - 391.

[7] LENNOX R, WHORISKEY K, CROSSINB G T, et al. Influence of angler hook-set behaviour relative to hook type oncapture success and incidences of deep hooking and injuryin a teleost fish[J]. Fisheries Research, 2014, 164 (2015): 201 - 205.

[8] 孙满昌.海洋渔业技术学[M].北京: 中国农业出版社,2005.

[9] 田方.山东近海星康吉鳗(*Conger myriaster*)延绳钓渔具性能研究[D].青岛: 中国海洋大学,2013.

[10] MARTIN A H, DAYTON L A, KAIJA I M. By — Catch: Problems and solutions[J]. Marine Pollution Bulletin, 2000, 41: 204 - 219.

[11] 戴小杰,李延等.中东太平洋公海金枪鱼延绳钓误捕海龟的观察和分析[J].水产学报,2009,33(6): 1044 - 1048.

[12] CURRAN D, BIGELOW K. Effects of circle hooks on pelagic catches in the Hawaii-based tuna longline fishery [J]. Fisheries Research, 2011, 109(2 - 3): 265 - 275.

[13] HALL H A. A regional program to reduce sea turtle bycatchs in the eastern Pacific: Activities and results from the first year in Ecuador, and regional development [C] // Proceedings of the International tuna fishers conference on responsible fisheries & third international fishers forum. Inter-Continental Grand, Yokohama, Japan, July 25~29, 2005.

[14] SWIMMER Y, SUTER J, ARAUZ R, et al. Sustainable fishing gear: the case of modified circle hooks in a Costa Rican longline fishery[J]. Marine Biology, 2011, 158: 757 - 767.

[15] BOLTEN A B, MARTINS H, ISIDRO E. Preliminary results of experiments to evaluate effects of hook type on sea turtle bycatch in the swordfish longline fishery in the Azores[R]. University of Florida contract report to NOAA, National Marine Fisheries Service, Office of Protected Resources, Silver Spring, MD, USA, 2002.

[16] FERNANDEZ-CARVALHO J, COELHO R, SANTOSA M N, et al. Effects of hook and bait in a tropical northeast Atlantic pelagic longline fishery: Part Ⅱ — target, bycatch and discard fishes[J]. Fisheries Research, 2014, 164 (2015): 312 - 321.

[17] COOKE S, SUSKI C. Are circle hooks an effective tool for conserving marine and fresh water recreational catch and release fisheries[J]. Aquatic Conservation - Marine And Freshwater Ecosystems, 2004, 14(3): 299 - 326.

[18] ANDREW J R. Do circle hooks reduce the mortality of sea turtles in pelagic longlines? A review of recent experiments[J]. Biological Conservation, 2007, 135: 155 - 169.

[19] 张燕敏.钓钩显锋芒[J].钓鱼,2007,11:62-63.

[20] WATSON J W, FOSTER D G, EPPERLY S, et al. Experiments in the Western Atlantic Northeast distant waters to evaluate sea turtle mitigation measures in the pelagic longline fishery [R]. National Oceanic and Atmospheric Administration, U. S. Department of Commerce, 2004.

[21] 黄锡昌,虞聪达,苗振清.中国远洋捕捞手册[M].上海:上海科学技术文献出版社,2003:597-607.

[22] 杨陈.摩利根 Z100 显锋芒[J].钓鱼,2010,8:57.

[23] 王磊.海钓用钩材质谈[J].钓鱼,2012,22:56-57.

[24] HUTCHINSON M, WANG J H, SWIMMER Y, et al. The effects of a lanthanide metal alloy on shark catch rates[J]. Fisheries Research, 2012, 131-133:45-51.

[25] EDAPPAZHAM G, SALY N, THOMAS B. et al. Physical and mechanical properties of fishing hooks [J]. Materials Letters, 2008, 62(10-11):1543-1546.

[26] 许柳雄.渔具理论与设计学[M].北京:中国农业出版社,2005:245-247.

[27] UDDANWADIKER H. Stress analysis of crane hook and validation by photo-elasticity [J]. Engineering, 2011, 3(9):935-941.

[28] NISHIMURA T, MUROMAKI T, NISHIMURA K H, et al. Damage factor estimation of crane-hook (A database approach with image, knowledge and simulation)[R]. Graduate School of Engineering, 2010, Kobe 657-8501.

[29] GUO Y B, ANURAG S, JAWAHIR S, et al. A novel hybrid predictive model and validation of unique hook-shaped residual stress profiles in hard turning[J]. CIRP Annals-Manufacturing Technology, 2009, 58(1):81-84.

[30] YU H L, HUANG X Q. Structure-strength of hook with ultimate load by finite element method[C]. Proceedings of the International Multi conference of Engineersand Computer Scientists, March 18-20, 2009. Vol Ⅱ IMECS 2009.

[31] TORRES Y, GALLARDO J M, DOMÍNGUEZ J, et al. Brittle fracture of a crane hook[J]. Engineering Failure Analysis, 2010, 17(1):38-47.

[32] 白学勇,黎姝,李勇刚.基于 ANSYS 软件的吊钩有限元分析[J].煤矿机械,2009,11:86-87.

[33] CHOI K S, SOULAMI A, LIU W N, et al. Influence of various material design parameters on deformation behaviors of TRIP steels[J]. Computational Materials Science, 2010, 50(2):720-730.

[34] 王谦,赵俊利.基于 Solidworks 软件的吊钩分析[J].煤矿机械,2011,10:130-131.

[35] 李水水,李向东,范元勋,等.基于 ANSYS 的起重机吊钩优化设计[J].机械设计与制造,2012,4:37-38.

[36] 纪宏,秦昌威,杨旭.基于 Solidworks 的梯形和"T"字形吊钩有限元对比分析[J].辽宁科技学院学报,2012,3:18-20.

[37] 杨朝丽.基于有限元分析方法的吊钩优化设计研究[J].昆明学院学报,2008,4:81-85.

[38] 王仰龙,冯晓静,刘俊峰,等.果园风送喷雾机风机叶片模态分析:基于 ANSYS Workbench[J].农机化研究,2015,3:50-53.

[39] 童珍容,杨波,何继钏,等.基于 ANSYS Workbench 加油泵的壳体应力分析[J].新技术新工艺,2014,8:89-90.

[40] 梁满朝,赵强.基于 ANSYS Workbench 减速箱体渐开线齿轮的接触分析[J].装备制造技术,2014,6:184-185,195.

[41] 巨文涛,代卫卫.ANSYS Workbench 在结构瞬态动力学分析中的应用[J].内蒙古煤炭经济,2014,8:110-113.

[42] WANG C, SHI W D, SI Q R, et al. Numerical calculation and finite element calculation on impeller of stainless steel multistage centrifugal pump[J]. Journal of Vibro Engineering, 2014, 16(4):1723-1734.

[43] HORNG T L. The Study of contact pressure analyses and prediction of dynamic fatigue life for linear guideways system[J]. Modern Mechanical Engineering, 2013, 3(2):69-76.

[44] PETERS W H, RANSON W F. Digital imaging techniques in experimental stress analysis[J]. Optical Engineering, 1981, 21:427-431.

[45] YAMAGUCHI I. A laser-speckle strain gauge[J]. Journal of Physics E:Scientific Instruments, 1981, 14:1270-1273.

[46] 戴如春,姚学锋,袁凌青,等.评价人体软骨抗拉性能的数字散斑相关分析[J].中华医学杂志,2004,84(15):1265-1269.

[47] WANG C C, DENG J M, ATESHIAN G A, et al. An automated approach for direct measurement of two-dimensional strain

distributions within articular cartilage under unconfined compression[J]. Journal of Biomechanical Engineering, 2002, 124 (10): 557 − 567.

[48] ZHANG D S, AROLA D D. Applications of digital image correlation to biological tissues[J]. Journal of Biomedical Optics, 2004, 9(4): 691 − 699.

[49] NEWMAN J C Jr, NEWMAN J C Ⅲ. Validation of the two-parameter fracture criterion using finite-element analyses with the critical CTOA fracture criterion[J]. Engineering Fracture Mechanics, 2015, 136: 131 − 141.

[50] NICOLELLA D F, NICHOLLS A E, LANKFORD J, et al. Machine vision photogrammetry: a technique for measurement of microstructural strain in cortical bone[J]. Journal of Biomechanics, 2001, 34(1): 135 − 139.

[51] 谢惠民,刘战伟,朱宏伟,等.单壁碳纳米管力学行为的数字散斑相关方法实验研究[J].光学技术,2004,30(4): 449 − 451.

[52] VENDROUX G, KNAUSS W G. Submicron deformation field measurements: Part Ⅲ, demonstration of deformation determination[J]. Experimental Mechanics, 1998, 38: 154 − 160.

[53] CHASIOTIS I, KNAUSS W G. A new microtensile tester for the study of MEMS materials with the aid of atomic force microscopy[J]. Experimental Mechanics, 2002, 42(1): 51 − 57.

[54] SUN Z L, LYONS J S, McNEILL S R. Measuring microscopic deformations with digital image correlation[J]. Optics and Lasers in Engineering, 1997, 27: 409 − 428.

[55] VENDROUX G, KNAUSS W G. Submicron deformation field measurements: Part Ⅲ, demonstration of deformation determination[J]. Experimental Mechanics, 1998, 38: 154 − 160.

[56] McNEILL S R, PETERS W H, SUTTON M A, et al. Estimation of stress intensity factor by digital image correlation[J]. Engineering Fracture Mechanics, 1987, 28(1): 101 − 112.

[57] 高建新.数字散斑方法及其在力学测量中的应用[D].北京: 清华大学,1989,1 − 64.

[58] LYONS J S, LIU J, SUTTON M A. High — temperature deformation measurements using digital — image correlation[J]. Experimental Mechanics, 1996, 36(1): 64 − 70.

[59] 潘兵.数字图像相关方法基本理论和应用研究进展[C]//中国科学技术协会.中国科协第 235 次青年科学家论坛——极端复杂测试环境下实验力学的挑战与应对.中国科学技术协会,2011: 6.

[60] HELM J D, SUTTON M A, McNEILL S R. Deformations in wide, center — notched, thin panel, part I: three dimensional shape and deformation measurements by computer vision[J]. Optical Engineering, 2003, 42(5): 1293 − 1305.

[61] WEI Z G, DENG X M, SUTTON M A, et al. Modeling of mixed-mode crack growth in ductile thin sheets under combined in-plane and out-of-plane loading[J]. Engineering Fracture Mechanics, 2011, 78(17): 3082 − 3101.

[62] PAN B, XIE H M, YAN L, et al. Accurate measurement of satellite antenna surface using 3D digital image correlation technique[J]. Strain, 2009, 45: 194 − 200.

[63] SCHREIER H W, GARCIA D, SUTTON M A. Advances in light microscope stereo vision[J]. Society for Experimental Mechanics, 2004, 44(3): 278 − 287.

[64] SUTTON M A, YAN J H, TIWARI V. The effect of out-of-plane motion on 2D and 3D digital image correlation measurements[J]. Optics and Lasers in Engineering, 2008, 46(10): 746 − 757.

[65] LARSSON L, SJODAHL M, THUVANDER F. Microscopic 3 − D deformation field measurements using digital speckle photography[J]. Optics and Lasers in Engineering, 2004, 41: 767 − 777.

[66] ZHOU Z B, CHEN P W, HUANG F L, et al. Experimental study on the micro mechanical behavior of a PBX stimulant using SEM and digital image correlation method[J]. Optics and Lasers in Engineering, 2011, 49(3): 366 − 370.

[67] MENG L B, JIN G C, YAO X F. Application of iteration and finite element smoothing technique for deformation and strain measurement of digital speckle correlation[J]. Optics and Lasers in Engineering, 2007, 45(1): 57 − 63.

[68] PAN B, ASUNDI A, XIE H M, et al. Digital image correlation using iterative least squares and pointwise least squares for deformation field and strain field measurements[J]. Optics and Lasers in Engineering, 2009, 47(7 − 8): 865 − 874.

[69] ZHOU Y H, CHEN Y Q, et al. Feature matching for automated and reliable initialization in three-dimensional digital image

correlationOriginal Research Article[J]. Optics and Lasers in Engineering, 2013, 51(3): 213 - 223.

[70] FANG Q Z. WANG T J, LI H M. Large tensile deformation behavior of PC/ABS alloy[J]. Polymer, 2006, 47(14): 5174 - 5181.

[71] SONG J, JIANG H, LIU Z J, et al. Buckling of a stiff thin film on a compliant substrate in large deformation [J]. International Journal of Solids and Structures, 2008, 45(10): 3107 - 3121.

[72] ZHANG X, CHEN J, WANG Z T, et al. Digital image correlation using ring template and quadrilateral element for large rotation measurement[J]. Optics and Lasers in Engineering, 2012, 50(7): 922 - 928.

[73] LAGATTU F, BRIDIER F, VILLECHAISE P, et al. In-plane strain measurements on a microscopic scale by coupling digital image correlation and an in situ SEM[J]. Materials Characterization, 2006, 56(1): 10 - 18.

[74] 单辉祖.材料力学(Ⅰ)(第二版)[M].北京: 高等教育出版社,2006.

[75] QB/T 2927. 1 - 2007, 钓具.第一部分: 钓鱼钩[S].

[76] 贾俊平.统计学: 基于 R 应用[M].北京: 机械工业出版社,2014.

第 2 章

马尔代夫群岛海域金枪鱼延绳钓渔具捕捞效率研究

1 引 言

当前,我国近海渔业资源严重衰退,许多传统渔场丧失功能。因此,发展远洋金枪鱼渔业、合理利用公海渔业资源是许多渔业企业发展的方向之一[1]。金枪鱼是经济价值颇高的鱼种,其肉质鲜嫩、营养价值高,属于高档水产品;又由于其生活水层较深,受污染的程度较小,因此在日本、欧美等国际市场十分受欢迎[2]。

近年来,印度洋大眼金枪鱼产量稳中有升,从 1990 年的 6.8 万 t 增长到 2004 年的 10.6 万 t,其中 2000~2004 年的 5 年间年平均渔获量为 11.9 万 t。围网和延绳钓是印度洋大眼金枪鱼的主要捕捞渔具,2004 年大眼金枪鱼延绳钓渔业产量 8.23 万 t,围网渔业产量 2.26 万 t;其中,日本、欧盟和我国台湾地区以及挂方便旗的渔船是该地区大眼金枪鱼的捕捞大户[3]。西印度洋塞舌尔和查戈斯群岛、马达加斯加、莫桑比克海峡和东印度洋爪哇岛、苏门答腊外海是大眼金枪鱼的主要渔场[3-6]。

1.1 中国在印度洋的金枪鱼渔业现状

中国在印度洋的金枪鱼延绳钓渔业始于 1995 年,渔船数量从 12 艘发展到 1998 年的 120 艘,其中大部分由在中国沿海作业的拖网船和刺网船改建而成。此后,由于缺乏管理、经济效益低下和渔场转移,在印度洋作业的中国金枪鱼延绳钓渔船的数量开始减少。据印度洋金枪鱼委员会(Indian Ocean Tuna Commission, IOTC)秘书处统计,2001 年为 93 艘,2003 年降至 63 艘,2005 年为 67 艘(29 艘小型渔船,38 艘大型超低温渔船);延绳钓是中国在印度洋捕捞金枪鱼的唯一方式。2005 年中国渔船在印度洋的金枪鱼总产量为 14 307 t,其中大眼金枪鱼 8 867 t,占 62%,与 2004 年相比分别增长 7.38% 和 6.16%。虽然产量有所增长,但由于我国在印度洋的金枪鱼渔业缺乏对资源调查的投入、技术的支撑,致使我国金枪鱼延绳钓渔船在捕捞技术上与一些主要的金枪鱼渔业国家和地区存在较大差距[5,7]。

1.2 国内外有关提高金枪鱼延绳钓捕捞效率研究的现状

1.2.1 国内研究现状

国内对金枪鱼渔业的研究起步较晚,早期的研究多局限于综述性报告[3-5]及对金枪鱼渔获量的统计描述[7]。进入 21 世纪,我国对于金枪鱼渔业研究的步伐开始加快。在金枪鱼延绳钓捕捞效率方面,叶振江对小型钓机渔船所使用的两种不同结构钓具的钓获率进行了研究,结果显示,平均钓钩深度较深的钓具(90.8 m)在渔获尾数、渔获重量及上钩率三个指标上均大于钓钩深度较浅(72.7 m)的渔具[8];叶振江对金枪鱼延绳钓不同作业水深大眼金枪鱼的钓获率进行了研究,结果显示,大眼金枪鱼的垂直分布模式为低龄鱼个体栖息水层较浅,高龄鱼栖息水层较深[9]。宋利明对中西太平洋金枪鱼钓具结构提出若干改进意见[10]。另外,冯波等采用 GIS 定性分析的方法对印度洋大眼金枪鱼延绳钓钓获率与 50、150 m 水层温差间关系进行了研究,结果显示,高钓获率总体上出现在温差较大的水域[11];宋利明和高攀峰运用实测钓钩深度初步研究了印度洋马尔代夫海域大眼金枪鱼的捕获最适水层、水温、盐度范围,结果显示,该海域大眼金枪鱼渔获率最高的水层为水深 70~90 m、水温为 27.0~27.9℃、盐度为 35.70~35.79[12];许柳雄等对环型钩与圆型钩对大眼金枪鱼和黄鳍金枪鱼的选择性、钓获率差异等进行了比较研究,结果显示,二者在上钩率及渔获净重方面均无显著性差异[13];宋利明等对印度洋热带公海海域大眼金枪鱼的垂直分布模式进行了研究,结果显示,该海域内大眼金枪鱼渔获率最高的水层为水深 160~180 m、水温为 14~15℃、盐度为35.40~35.50[14];宋利明和张禹分析了印度洋热带海域大眼金枪鱼上钩率与温跃层的关系,结果显示,温跃层内的大眼金枪鱼渔获率小于温跃层以深的渔获率[15]。以上研究得出的结果虽然具有一定的参考价值,但仍未涉及金枪鱼延绳钓渔具捕捞效率的研究。

1.2.2　国外研究现状

当前,国外对于金枪鱼延绳钓渔具的研究主要集中于钓具在水中的形状及怎样减少兼捕及误捕率,保护海龟、海鸟及海洋哺乳动物等方面。另外,国外学者还对金枪鱼的分布模式、CPUE(catch per unit effort,单位捕捞努力量渔获量)的标准化等进行了许多研究和探索,这些研究对于渔具渔法的改进以及捕捞效率的提高有着重要的意义。

对于渔具方面的研究有:Bigelow 等利用 GLM 和 GAM 模型研究表层延绳钓的钓具深度分布及变浅率[(理论深度-实际深度)/理论深度],结果得出海流对其具有不可忽视的影响[16];Keisuke 等利用微型深温仪(micro-bathythermographs)记录的干线深度数据建立模型,推测了延绳钓钓具在水中的 3 维形态[17];Boggs、Mizuno 等提出海洋环境因子能够改变延绳钓钓具在水中的形状,进而改变钓钩所到达的深度[18-19];Beverly 采用在浮子附近加重锤的方法来加深钓具的深度,从而达到减少兼捕、误捕渔获物,提高目标鱼种的渔获效率[20]。

对于金枪鱼分布模式方面的研究有:Dagorn 等指出,大眼金枪鱼生活于海水表层到数百米深度范围内,具有显著的昼夜垂直移动现象;通常白天下潜至较深的次表层水体(通常至温跃层底部),最大下潜深度为 300~500 m,周围水温在 10~15℃,温度最低可小于 10℃,夜晚大眼金枪鱼多在水深 100 m 以浅水层活动,且在白天具有时间间隔不等的上浮至浅水层作短暂停留的行为[21]。Chavance 经过 2004~2005 年在南太平洋的生产调查,发现 80% 的大眼金枪鱼产量来自 250~380 m 水层(对应水温 17~19℃)[22]。Sylvia 等指出,当温跃层深度加厚时,大眼金枪鱼垂直移动增强,其集群程度减弱,并造成大眼金枪鱼的 CPUE 可能下降或捕获率降低;相反,当温跃层深度变小时,大眼金枪鱼垂直移动减弱,其集群程度增强,可使大眼金枪鱼的 CPUE 增加或捕获率增大[23]。Hampton 等认为大眼金枪鱼对溶解氧的最低要求为 0.5~1.0 mL/L,在中美洲沿岸东太平洋海域 CPUE 较低,是因为溶解氧含量较低(150 m 深度平均溶解氧含量大多小于 1.0 mL/L)[24];卫星高度计资料同渔场分布的研究显示:渔场表层海流大约在 0.15 m/s 的中流速海域大眼金枪鱼 CPUE 较高,且渔场多分布在涡流的边缘,海面高度距平均值为正的海域[25]。Bertrand 等指出,延绳钓大眼金枪鱼捕获率的高低除了同渔场资源密度大小有关以外,还与金枪鱼饵料生物资源密度的高低及时空分布类型等有关,在分析其 CPUE 的时候需充分考虑其饵料生物的分布[26]。

1.3　研究目的

尽管我国在金枪鱼渔业研究方面取得了一定的进展,但我国延绳钓从业者所使用的渔具、渔法,皆是借鉴日本或我国台湾地区的作业方式[27-28],并根据自己的经验和认识加以改造和更新[29-30],但缺乏深入的专题研究,在一定程度上阻碍了金枪鱼渔业的发展。另一方面,大眼金枪鱼一直是我国金枪鱼船队的主要捕捞对象之一。以 2001 年为例,我国船队捕捞各种金枪鱼 2.99 万 t,其中大眼金枪鱼 1.5 万 t(大西洋 7 210 t、太平洋 5 062 t、印度洋 2 746.8 t),约占 50%[31]。本研究为适应我国在该海区不断扩大的生产规模,通过海上试验和调查数据,并结合国内外学者的研究成果,对试验钓具和船上传统作业的钓具进行了比较研究,得出当前我国采用大滚筒延绳钓作业方式提高有效捕捞努力量的方法,提出相应的金枪鱼延绳钓渔具渔法改进方案,为我国金枪鱼延绳钓捕捞技术的改进提供参考。

本研究的目的主要有:第一,提高我国金枪鱼延绳钓的钓捕技术,提高产量;第二,为有关金枪鱼鱼种的 CPUE 标准化计算提供参考;第三,找到行之有效的减少鲨鱼兼捕和海龟误捕的方法,维护我国作为负责任大国的形象。

1.4　研究内容

本研究主要根据渔具配备不同沉浮力的试验展开,主要包括三部分内容:第一部分为不同水层的大眼金枪鱼的渔获率计算,核心为实际钓钩到达的深度与理论计算得出的钓钩到达的深度、风、流、钓钩位置编号以及作业方式等影响因子关系模型的建立;第二部分为有效捕捞努力量的计算和比较;第三部分为渔具渔法的改进方案。

2　材　料　与　方　法

2.1　数据来源

2.1.1　调查渔船

调查渔船为广东省广远渔业集团有限公司的冰鲜大滚筒金枪鱼延绳钓水泥质渔船"粤远渔 168"(图 2-2-1)。渔船的驾驶室在船中部。前甲板起绳,后甲板投绳。渔船有关主尺度如下:总长 25.68 m;型宽 6.00 m;型深 2.98 m;总吨 125.00 t;净吨 44.00 t;主机功率 318.88 kW。

图 2-2-1 "粤远渔 168"调查船

渔捞设备：LP"48×80"-Ⅲ型的大滚筒起绳机 1 台；LS-4 型投绳机 1 台。

2.1.2 调查海域和时间

2006 年 10 月 1 日~11 月 30 日，包括四个航次（表 2-2-1），实际作业天数为 36 天，调查范围为 3°07′S~4°07′N、62°12′E~71°15′E，具体站点见图 2-2-2 所示。

表 2-2-1 分航次调查时间和范围

航 次	调 查 时 间	调 查 范 围	
1	2006.10.1~10.10	01°10′N~03°06′S	62°12′E~63°25′E
2	2006.10.14~10.28	00°52′N~03°07′S	64°21′E~67°11′E
3	2006.11.2~11.13	03°36′N~02°58′S	64°12′E~71°14′E
4	2006.11.23~11.30	03°02′N~04°07′N	70°56′E~71°15′E

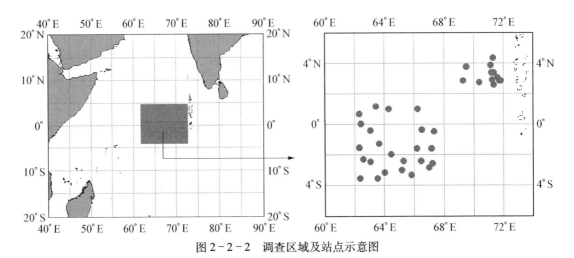

图 2-2-2 调查区域及站点示意图

2.1.3　调查的渔具与渔法

干线为直径 3.6 mm 的尼龙单丝,总长 110 km 左右;浮子直径为 360 mm,材料为塑料;浮子绳材料为尼龙,直径为 6 mm,长 30 m。钓钩大小为 3.2 英寸。另外,实验钓具所需的重锤为水泥制成,重量分别为 2、3、4、5 kg(图 2 - 2 - 3)。

图 2 - 2 - 3　不同重量的水泥质重锤

支线:第一段为直径 3 mm 的硬质聚丙烯线,长 0.8 m(加上夹子长 1 m)左右,第二段为直径 180#(直径为 1.8 mm)的尼龙单丝,长 16 m;第三段为直径 1.2 mm 的不锈钢钢丝,长 0.5 m;第一段直接与第二段连接,无转环;第二段与第三段间用转环相连接;第三段与钓钩连接(图 2 - 2 - 4a)。

传统作业的钓具投放方法:一般情况下,凌晨 0:00~2:00 投绳,持续时间 5 h 左右。10:00~12:00 起绳,持续 8 ~ 12 h。投绳时,船速 3.855 m/s 左右,投绳机的出绳速度

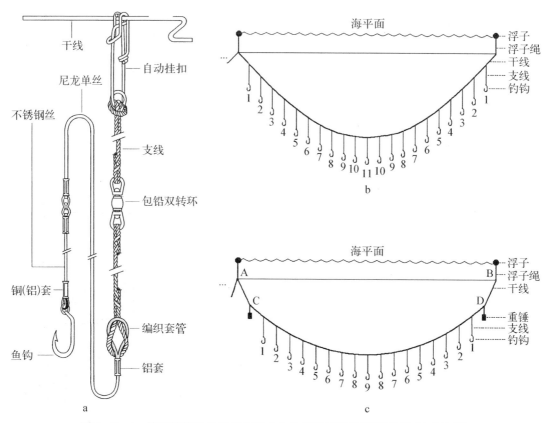

图 2 - 2 - 4　钓具结构及投放后在海水中的状态(以浮子间钓钩数 21 枚为例)

a 支线结构　b 传统作业方式　c 实验作业方式

5.654 m/s 左右,两钓钩间的时间间隔为 8 s,两支线间距为 41.2 m,两浮子间的钓钩数为 21~23 枚不等。每次投放对照支线 400~2 400 根不等,饵料为 150 g 左右的长体圆鲹和鱿鱼。

实验作业的钓具投放方法:在每筐从浮子算起空出 83 m 左右(两根支线空缺)干线,并在该处挂一水泥质重锤(分别为 2、3、4、5 kg),在该筐的另端做对称操作,这样每筐支线数减少为 17~19 枚,其他参数不变。两种不同作业中钓具在海中的状态见示意图 2-2-4(b、c)。钓钩位置号数的编排如图 2-2-4(b、c)所示。

2.1.4　调查仪器

调查仪器为加拿大 RBR 公司的 XR-620 多功能水质仪、TDR-2050 型微型温度深度计(共 12 个)和挪威 NORTECK 公司生产的 2 000 m 深度量程的 Aquadopp 型三维海流计。多功能水质仪(XR-620)温度、电导率、溶解氧含量的测定量程分别为 -5~35℃、0~2 mS/cm、0~150%,精度分别为 0.002℃、0.000 3 mS/cm、量程的 1%;微型温度深度计(TDR-2050)用于测定钓钩实际深度及该深度的水温,深度精度为测定量程(10~740 m)的 +/-0.05%,温度精度为 +/-0.002℃,三维海流计用于测定不同水深处三维海流数据(East/North/Up,简称 ENU)。三种仪器见图 2-2-5。

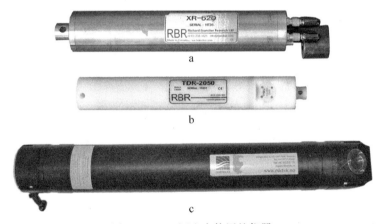

图 2-2-5　调查中使用的仪器
a 多功能水质仪　b 微型温度深度计　c 三维海流计

2.1.5　调查方法及内容

调查为定点调查,但实际调查的位置与计划位置存在一定的偏差。每天投绳后用 XR-620 测定一定水深的温度、盐度、叶绿素含量、溶解氧含量垂直变化曲线;用三维海流计测定一定水深的三维(ENU)海流数据(包括流向、流速),设定每 30 s 收集一个数据,每投放 60 m 钢丝,停留 3 min 以便三维海流计测定数据。用于投放多功能水质仪和三维海流计的钢丝总长度为 600 m,但是由于风和流的影响,实际的下沉深度为 150~580 m 不等,对于超出仪器到达深度处的环境及海流数据由趋势线估算推得。

记录还包括每天的投绳位置和时间、投绳时的航速、航向、出绳速度、两浮子间的钓钩数、两钓钩间的时间间隔、投钩数、起绳时间;并记录大眼金枪鱼的钓获钩号、捕获位置等。

另外,投绳机本身显示的出绳速度与实际的出绳速度不一致,经过海上实测得出,"粤远渔 168"船实际出绳速度与显示的出绳速度的比值为 0.910 4。

2.2　方法

研究方法与步骤如图 2-2-6。

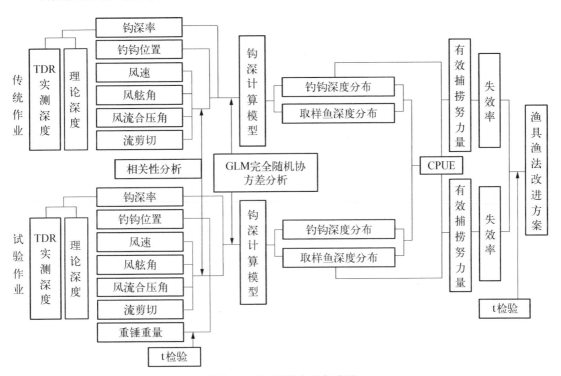

图 2-2-6　研究方法与步骤

2.2.1　不同水层的大眼金枪鱼渔获率($CPUE_i$)的计算

2.2.1.1　理论深度的计算

（1）传统作业

假设干线为一根重量均匀的柔索,在海洋中仅受自身重力和海水浮力的影响,则两浮子间的干线将会呈悬链线分布,可以根据支线和干线相连接的位置,计算出该钓钩达到的理论深度。传统作业中,理论深度按照悬链线钓钩深度计算公式[33]进行计算,得出该枚钓钩所能达到的理论深度(以下简称为理论钩深)。即

$$D_j = h_a + h_b + l\left[\sqrt{1 + \cot^2\varphi_0} - \sqrt{\left(1 - \frac{2j}{n}\right)^2 + \cot^2\varphi_0}\right] \quad (2-2-1)$$

$$L = V_2 \times n \times t \quad (2-2-2)$$

$$l = \frac{0.910\,4V_1 \times n \times t}{2} \tag{2-2-3}$$

$$k = \frac{L}{2l} = \frac{V_2}{V_1} = \cot \varphi_0 sh^{-1}(\mathrm{tg}\,\varphi_0) \tag{2-2-4}$$

式（2-2-1）~式（2-2-4）中，D_j 为理论钩深；h_a 为支线长；h_b 为浮子绳长；l 为干线弧长的一半；φ_0 为干线支承点上切线与水平面的交角，与 k 有关，作业中很难实测 φ_0，采用短缩率 k 来推出 φ_0；j 为 2 浮子之间自一侧计的钓钩编号序数，即钩号；n 为 2 浮子之间干线的分段数，即支线数加 1；L 为 2 浮子之间的海面上的距离；V_2 为船速（m/s）；t 为投绳时前后 2 支线之间相隔的时间间隔；V_1 为投绳机显示的出绳速度（m/s）。

（2）试验作业

试验作业中，重锤的重量改变了干线在水中的形状（图 2-2-4c），因此不能直接利用原悬链线公式计算得出每枚钓钩的实际深度，要对重锤产生的影响进行修正。

本次调查中，运用微型温度深度计（TDR-2050）测定了挂 2（3、4、5）kg 重锤处的 12（13、11、14）组干线垂度的实际深度数据，然后取相应重量下的实际深度的算术平均值作为该重量下挂重锤处干线的垂度，计作：d_w。假设整个调查期间的相同重量的重锤的下沉垂度相同。结果得出，随着重锤重量的加大，重锤的下沉垂度（d_w）增加，2 kg、3 kg、4 kg、5 kg 的重锤下沉垂度分别为 54.0 m、59.7 m、65.0 m、67.7 m。具体见图 2-2-7。

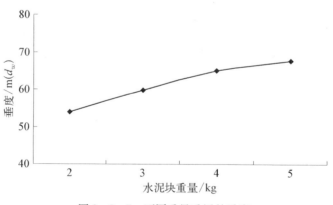

图 2-2-7 不同重量重锤的垂度

本章中，把图 2-2-4c 中 C、D 两点之间的干线看作悬链线，从而得出每枚钓钩自挂重锤的干线处开始计算的垂度。假设 AC 和 BD 间干线均为直线，根据测到的该段干线在垂直方向上的分量，得出其水平分量。然后得出该段 CD 两点间的直线长度 L'，则钓钩深度计算公式可写为

$$D'_j = h_a + h_b + d_w + l\left[\sqrt{1 + \cot^2 \varphi_0} - \sqrt{\left(1 - \frac{2j}{n}\right)^2 + \cot^2 \varphi'_0}\right] \tag{2-2-5}$$

$$L' = V_2(n+4)t - 2\sqrt{(1.821V_1 t)^2 - d_w^2} \tag{2-2-6}$$

$$l = \frac{0.910\,4V_1 \times n \times t}{2} \qquad (2-2-7)$$

$$k' = \frac{L'}{2l} = \cot\varphi_0 sh^{-1}(\mathrm{tg}\,\varphi_0) \qquad (2-2-8)$$

其中，D'_j 表示试验作业时钓钩的深度；d_w 表示挂重锤处干线的垂度；L' 表示重锤间的直线长度，n 为 2 重锤之间干线的分段数，即支线数加 1；φ'_0 为挂重锤处干线支承点上切线与水平面的交角，其他同式(2-2-1)~式(2-2-4)。

2.2.1.2　钩深率的定义

在延绳钓实际作业中，由于受到各种因素的影响，钓钩实际到达的深度小于根据悬链线计算得出的理论深度。因此，本章把实际钓钩深度与理论钓钩深度的比值定义为钩深率，计作 P，公式为

$$P = \frac{D_f}{D_t} \times 100\% \qquad (2-2-9)$$

式中，D_f 指实际钓钩深度；D_t 指理论钓钩深度，可以推出，钓钩的实际深度为

$$D_f = D_t \times P \qquad (2-2-10)$$

2.2.1.3　各影响因子简介

本章中，认为钩深率主要受到风、流、钓钩位置编号以及作业参数等因素的影响，且钓钩的深度是在不断变化的，在一定的范围内波动。对于试验钓具，由于增加了重锤，因此，把重锤的重量(W)也作为一个因子进行分析。

（1）风的影响

本章中，风速为风速仪测得的风的速度，计为 V_w；风向为用罗经测得的风吹来的方向，计为 C_w。

（2）海流的影响

Bigelow 等[16]研究指出，实际影响钓钩深度并不是海流的绝对速度，而是不同水层海流间的剪切作用，本章根据这一观点，对 3 维海流计测到的不同水层的原始数据进行处理，得出不同站点每天的流剪切系数。具体公式为

$$K = \log\left(\frac{\int_0^z \left\| \frac{\partial \vec{u}}{\partial z} \right\| dz}{Z}\right) \qquad (2-2-11)$$

近似表达式为

$$\tilde{K} = \log\left\{ \frac{\sum_{n=1}^{N}\left[\left(\frac{u_{n+1}-u_n}{z_{n+1}-z_n}\right)^2 + \left(\frac{v_{n+1}-v_n}{z_{n+1}-z_n}\right)^2\right](z_{n+1}-z_n)}{\sum_{n=1}^{N}(z_{n+1}-z_n)} \right\} \qquad (2-2-12)$$

式中，$\bar{K}$ 为流剪切系数，v_n 为第 n 个深度处的海流的南北水平分量，u_n 为第 n 个深度处的海流的东西水平分量，z_n 为两深度之间的差值。

本章在以后的分析中均采用 $\bar{K}$（流剪切系数）作为三维海流对实际深度的影响因子，简称为流剪切系数。

（3）钓钩位置的影响

Bigelow 等认为，在其他条件相同的情况下，不同位置的钓钩的变浅率是不同的[34]，因此本章把钓钩位置（用钓钩编号表示）作为钩深率的一个影响因子，即为 N_{th}。

（4）作业参数的影响

本章中，作业方式的不同主要指投绳方向与钓具在海中的漂移方向以及风向之间夹角（锐角）的不同。把投绳方向与漂移方向之间的夹角称为风流合压角，计作 γ；投绳方向与风向之间的夹角称为风舷角，计作 C_w。

（5）重锤的影响

运用成对双样本均值分析的 t 检验方法，检验 4 种重锤两两之间对深度影响是否存在显著性差异，如果存在差异，则模型引入该变量；如果不存在，则剔除该变量。

2.2.1.4　钓钩深度计算模型的建立

运用 SPSS13.0 统计软件，应用广义线性模型（GLM）中的完全随机设计协方差分析方法分别建立传统作业钓钩（141 枚）和试验作业试验钩（138 枚）的钩深率与海洋环境及作业方式的关系模型[35]。协方差分析是把线性回归与方差分析结合来应用的一种方法，其目的是把与因变量 y 值呈线性关系的自变量 x 值化成相等后，用于检验两个或者多个修正均数间有无差别的方法，通过协方差分析，能够校正和对比由于各组 x 值不同所引起的偏差，更恰当地评价各种处理的优劣[35]。本章中，首先根据每天实测最深钓钩的深度（Dm）把全部作业分为两组，如果 $Dm < 200\ \mathrm{m}$，则对应的作业日期归入第一组，如果 $Dm > 200\ \mathrm{m}$，则归入第二组。然后对两组作业日期内分别测得的钓钩深度数据及对应的影响因子进行协方差分析。

2.2.1.5　钓钩拟合深度分布

水深从 0～320 m，每 40 m 为一层，共分为 8 层。

根据钓钩深度计算模型，得出作业期间所有钓钩的实际到达深度，运用频率统计的方法得出 8 个水层内的钓钩分布频率。

2.2.1.6　取样鱼拟合深度分布

根据钓钩深度计算模型，得出作业期间取样鱼的实际钓获深度，运用频率统计的方法得出 8 个水层的取样鱼分布频率。

2.2.1.7　不同水层大眼金枪鱼渔获率（$CPUE_i$）的计算

根据拟合钓钩深度计算公式，统计该渔场整个调查期间各水层大眼金枪鱼的渔获尾数（正常部分记作 N_i、试验部分计作 N_{ei}'）、钩数（正常部分记作 H_i、试验部分计作 H_{ei}'），其中，试验部分共分为 4 组，用 e 表示不同重量重锤的钓钩。大眼金枪鱼各水层渔获率记作 $CPUE_i$，

其表达式为

$$CPUE_i = \frac{\left(N_i + \sum_{e=1}^{4} N'_{ei}\right)}{\left(H_i + \sum_{e=1}^{4} H'_{ei}\right)} \times 1\ 000 \tag{2-2-13}$$

式中, $i = 1, 2, 3, \cdots, 8$。

2.2.2 名义捕捞努力量、有效捕捞努力量及失效率计算

名义捕捞努力量表示在某海区或水域,在一定时间(年、月、日或者鱼汛等)为捕捞某资源群体所投入的捕捞规模大小或数量,对于延绳钓渔业,一般用特定时间内投放的总钓钩数表示。

延绳钓渔业中,有效捕捞努力量指在特定海区、特定时间内,以钓获率为权重系数的各水层钓钩数的加权平均数之和[34]。表达式为

$$f_{at} = E_{at} \sum_d h_{atd} p_{atd} \tag{2-2-14}$$

式中, f_{at} 表示 a 海区 t 时间内的有效捕捞努力量, E_{at} 表示 a 海区 t 时间内的名义捕捞努力量; h_{atd} 表示 a 海区 t 时间内 d 水层内钓钩数的百分比; P_{atd} 表示 a 海区 t 时间内在 d 深度层内大眼金枪鱼的分布概率(CPUE 最高的水层定义为 1)。

本章中,应用该方法计算每次作业的有效捕捞努力量,可以近似的表示为

$$f_j = E_j \sum_d h_{jd} p_d \tag{2-2-15}$$

式 2-2-15 中, f_j 表示 j 次作业的有效捕捞努力量, E_j 表示 j 次作业的名义捕捞努力量; h_{jd} 表示 j 次作业 d 水层内钓钩数的百分比; P_d 表示整个调查期间大眼金枪鱼在 d 水层内的分布概率(CPUE 最高的水层定义为 1),表达式为

$$p_d = \frac{CPUE_i}{CPUE_{imax}} \tag{2-2-16}$$

$CPUE_{imax}$ 为大眼金枪鱼各水层渔获率中的最大值。

本章中,失效率指不同站点钓钩的损耗百分比,表达式为

$$P_{sj} = \frac{E_j - f_j}{E_j} \times 100\% \tag{2-2-17}$$

2.2.3 名义捕捞努力量与有效捕捞努力量的比较

运用成对双样本均值分析的 t 检验方法,检验相同作业方式(传统作业和试验作业 2 种)内有效捕捞努力量与名义捕捞努力量之间以及不同作业方式间失效率的差异是否存在显著性。

运用方差分析的方法,检验挂不同重量重锤的试验作业方式间失效率是否存在显著性差异。

2.2.4 有效 CPUE 与名义 CPUE 的比较

有效 CPUE 与名义 CPUE 的计算方法如下：

$$CPUE_e = \frac{n_j}{f_j} \times 1\,000 \qquad (2-2-18)$$

式 2-2-18 中，$CPUE_e$ 为有效 CPUE，n_j 为 j 次作业的大眼金枪鱼渔获尾数。

$$CPUE_n = \frac{n_j}{E_j} \times 1\,000 \qquad (2-2-19)$$

式 2-2-19 中，$CPUE_n$ 为名义 CPUE，n_j 为 j 次作业的大眼金枪鱼渔获尾数。

运用成对双样本均值分析的 t 检验方法，检验 $CPUE_e$ 与 $CPUE_n$ 之间有无显著性差异。

3 结 果

本次调查共作业 36 次，其中，11 月 13 日和 11 月 30 日的两次作业中，未获得海流数据，为了保持数据的统一性，本章不予考虑。在其余 34 次作业中，共投放钓钩 44 362 枚，其中传统作业投放 33 460 枚，试验作业中，挂 2 kg、3 kg、4 kg、5 kg 重锤的钓钩数分别为：2 176、2 176、2 176、4 646 枚；记录 189 尾大眼金枪鱼的上钩钩号及钓获位置，抽样率为 100%；另外共收集到 279 组 TDR-2050 测得的钓钩深度数据，其中传统作业为 141 组，试验作业为 138 组，试验作业中，收集到的 2 kg、3 kg、4 kg、5 kg 重锤的钓钩深度数据分别为：34、34、35、35 组。

3.1 不同水层的大眼金枪鱼渔获率($CPUE_i$)

根据悬链线钓钩深度计算公式得出的钓钩深度（理论钩深）与微型温度深度计（TDR-2050）实际测得的相应的钓钩的深度（实测钩深）的关系见图 2-3-1。由图 2-3-1 得，理论钩深普遍大于实测钩深，如果采用理论钩深计算不同水层的大眼金枪鱼渔获率，则存在较大偏差。因此，有必要根据理论钩深和实测钩深，结合海洋环境（主要指风和流）和作业参数等影响因素，得出理论钩深和实测钩深的关系，进而估算得出每个站点所有不同钩号的钓钩所能达到的实际深度。

3.1.1 钩深率与各影响因子之间的关系

本章根据钩深率与各影响因子之间的相关系数来判定它们之间的关系。由表 2-3-1

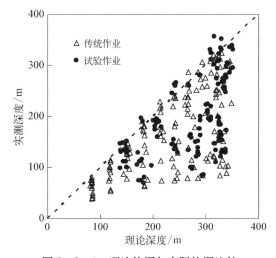

图 2-3-1 理论钩深与实际钩深比较

中得,传统作业中,钩深率 P 与风速成正相关关系,显著性水平远大于0.05;钩深率与流剪切系数、风弦角、风流合压角正弦值均呈负相关关系,但是对于风弦角,其显著性水平大于0.05,其他2个因子均小于0.01,因此对传统作业进行模型计算时,将剔除风速和风弦角两个相关性较低的因子。根据相同原理,对试验作业进行模型计算时,剔除了风速和风弦角两个因子。

表 2 - 3 - 1　钩深率与各影响因子之间的相关系数

P		风速 V_w	流剪切系数 K	风弦角 C_w	风流合压角 $\sin\gamma$
传统作业	相关系数	0.121	-0.565**	-0.116	-0.426**
	显著性水平	0.154	0.000	0.171	0.000
试验作业	相关系数	0.038	-0.538**	0.159	-0.213*
	显著性水平	0.658	0.000	0.063	0.012

**：表示显著性水平小于0.01；*：表示显著性水平小于0.05

另外,试验作业中,使用了不同重量的重锤。本章运用成对双样本均值分析的 t 检验方法来检验不同重量重锤对钓钩深度是否存在显著性影响,结果显示,4 种重锤两两之间对钓钩深度的影响(垂度)均无显著性差异($P_{23} = 0.129$、$P_{24} = 0.218$、$P_{25} = 0.164$、$P_{34} = 0.680$、$P_{35} = 0.898$、$P_{45} = 0.197$),具体见表 2 - 3 - 2。

表 2 - 3 - 2　不同重量的重锤垂度差异的 t 检验

重锤重量/kg	平均	方差	df	t 统计量	P(双尾)	t(双尾)临界
2	175.805	4 295.169	30	-1.562	0.129	2.042
3	184.430	5 089.109				
2	188.497	5 984.811	31	-1.258	0.218	2.040
4	193.766	5 802.693				
2	184.139	5 506.610	27	-1.429	0.164	2.052
5	190.334	5 107.652				
3	180.226	5 069.350	29	0.417	0.680	2.045
4	178.731	4 835.343				
3	178.974	4 750.673	27	-0.129	0.898	2.052
5	179.388	3 966.449				
4	181.302	5 499.104	29	-1.321	0.197	2.045
5	185.309	5 137.610				

3.1.2　钓钩深度计算模型

根据实测的每天最深钓钩的深度 Dm,把 34 个站点分为 2 组,分组结果见表 2 - 3 - 3。第一组包括 12 个站点,传统作业中共获得 45 组数据,试验作业中共获得 62 组数据;第二组包括 22 个站点,传统作业中共获得 96 组数据,试验作业中共获得 76 组数据。

表 2 - 3 - 3 调查站点的分组情况

第一组（$Dm<200$ m）	第二组（$Dm>200$ m）
1001、1002、1004、1010、1014、1020、1021、1022、1027、1028、1103、1105	1003、1005、1006、1007、1008、1009、1023、1024、1025、1026、1102、1104、1108、1109、1111、1112、1123、1124、1125、1126、1127、1129

注：表中数字代表日期，如 1001 表示 10 月 1 日

3.1.2.1 传统作业

设计模型为

$$P = f(\tilde{K}, N_{th}, \sin\gamma) \qquad (2-3-1)$$

其中，P 指钩深率，$\tilde{K}$ 指流剪切系数，N_{th} 指钩号，$\sin\gamma$ 指风流合压角正弦值。

运用 SPSS13.0 统计软件，对传统作业数据进行分析，结果如表 2 - 3 - 4 ~ 表 2 - 3 - 6 所示。

表 2 - 3 - 4 误差方差齐性的 Levene 检验^a

F 值	自由度 df1	自由度 df2	显著水平 Sig.
0.050	1	139	0.824

a. 设计模型为：$P = \text{Intercept} + N_{th} + K + \sin\gamma + group$

表 2 - 3 - 5 组间效应检验

来源	Ⅲ型平方和	自由度 df	均方	F 值	显著水平 Sig.
校正模型	6.124^a	4	1.531	145.859	0.000
截距 intercept	0.008	1	0.008	0.716	0.399
钩号 N_{th}	0.164	1	0.164	15.654	0.000
流剪切 $\tilde{K}$	0.268	1	0.268	25.523	0.000
风流合压角正弦值 $\sin\gamma$	0.306	1	0.306	29.173	0.000
分组 group	2.245	1	2.245	213.846	0.000
误差	1.428	136	0.010		
总计	82.979	141			
校正总计	7.552	140			

a. $R^2 = 0.811$（调整 $R^2 = 0.805$）

表 2 - 3 - 6 参 数 估 计

参 数	B	标准误差	t 检验值	显著水平 Sig.	95%置信区间 下边界	95%置信区间 上边界
Intercept	0.289	0.149	1.942	0.054	−0.005	0.583
N_{th}	−0.010	0.003	−3.957	0.000	−0.015	−0.005
$\tilde{K}$	−0.291	0.058	−5.052	0.000	−0.405	−0.177
$\sin\gamma$	−0.186	0.034	−5.401	0.000	−0.254	−0.118
［group = 1］	−0.335	0.023	−14.623	0.000	−0.381	−0.290
［group = 2］	0					

主要结果分析：

误差方差齐性的 Levene 检验中得出：$F=0.050$，$P(\text{Sig.}=0.824)>0.05$，可认为总的方差齐性，具体见表 2 - 3 - 4。

由组间效应检验中的校正模型可知，$F=145.859$，$P(\text{Sig.}=0.000)<0.05$，可认为钩深率与钩号、流剪切系数、风流合压角正弦值之间存在直线回归关系，具体见表 2 - 3 - 5。而分组变量的显著水平 Sig. $=0.000$，$P(\text{Sig.}=0.000)<0.05$，可认为两组钩深率的调整均数不等。

由参数估计值知，钩深率 P 与钩号（N_{th}）、流剪切系数（$\tilde{K}$）和风流合压角正弦值（$\sin\gamma$）之间的关系为

$$第一组：P=-0.046-0.291\tilde{K}-0.01N_{th}-0.186\sin\gamma \qquad (2-3-2)$$

$$第二组：P=0.289-0.291\tilde{K}-0.01N_{th}-0.186\sin\gamma \qquad (2-3-3)$$

3.1.2.2　试验作业

设计模型为

$$P=f(\tilde{K},N_{th},\sin\gamma) \qquad (2-3-4)$$

其中，P 指钩深率，$\tilde{K}$ 指流剪切力，N_{th} 指钩号，$\sin\gamma$ 指风流合压角正弦值。

运用 SPSS13.0 统计软件，对试验作业数据进行分析，结果如表 2 - 3 - 7 ~ 表 2 - 3 - 9所示。

表 2 - 3 - 7　误差方差齐性的 Levene 检验[a]

F 值	自由度 df1	自由度 df2	显著水平 Sig.
1.347	1	136	0.248

a. 模型设计为：$P=\text{Intercept}+N_{th}+\sin\gamma+K+\text{group}$

表 2 - 3 - 8　组间效应检验

来　源	Ⅲ型平方和	自由度 df	均方	F 值	显著水平 Sig.
校正模型	5.429[a]	4	1.357	96.808	0.000
截距 intercept	0.001	1	0.001	0.058	0.810
钩号 N_{th}	0.402	1	0.402	28.692	0.000
风流合压角正弦值 $\sin\gamma$	0.062	1	0.062	4.407	0.038
流剪切 $\tilde{K}$	0.336	1	0.336	23.949	0.000
分组 group	2.923	1	2.923	208.502	0.000
误差	1.865	133	0.014		
总计	75.946	138			
校正总计	7.294	137			

a. $R^2=0.744$（调整 $R^2=0.737$）

表 2 - 3 - 9　参 数 估 计

参　数	B	标准误差	t 检验值	显著水平 Sig.	95%置信区间 下边界	95%置信区间 上边界
Intercept	0.207	0.177	1.169	0.245	-0.144	0.558
N_{th}	-0.020	0.004	-5.356	0.000	-0.027	-0.012

（续表）

参　　数	B	标准误差	t 检验值	显著水平 Sig.	95%置信区间	
					下边界	上边界
$\sin \gamma$	−0.073	0.035	−2.099	0.038	−0.143	−0.004
$\tilde{K}$	−0.327	0.067	−4.894	0.000	−0.459	−0.195
［group = 1］	−0.331	0.023	−14.440	0.000	−0.377	−0.286
［group = 2］	0					

主要结果分析：

误差方差齐性的 Levene 检验中得出：$F = 1.347$，$P($Sig. $= 0.248) > 0.05$，可认为总的方差齐性，具体见表 2 − 3 − 7。

由组间效应检验中的校正模型可知，$F = 96.808$，$P($Sig. $= 0.000) < 0.05$，可认为钩深率与钩号、流剪切系数、风流合压角正弦值之间存在直线回归关系，具体见表 2 − 3 − 8。而分组变量的显著水平 Sig. $= 0.000$，$P($Sig. $= 0.000) < 0.05$，可认为两组钩深率的调整均数不等。

由参数估计值知，钩深率 P 与钩号（N_{th}）、流剪切系数（$\tilde{K}$）和风流合压角正弦值（$\sin \gamma$）之间的关系为

第一组：$P = -0.124 - 0.327\tilde{K} - 0.02N_{th} - 0.073\sin \gamma$ 　　　　（2 − 3 − 5）

第二组：$P = 0.207 - 0.327\tilde{K} - 0.02N_{th} - 0.073\sin \gamma$ 　　　　（2 − 3 − 6）

3.1.3　钓钩拟合深度分布

根据钓钩深度计算公式推算出调查期间投放的所有钓钩的实际到达深度（以下简称拟合深度）。

传统作业中，钓钩深度分布范围：31 ~ 308 m，其中 0 ~ 40 m 占 0.45%、40 ~ 80 m 占 8.93%、80 ~ 120 m 占 16.89%、120 ~ 160 m 占 15.33%、160 ~ 200 m 占 12.49%、200 ~ 240 m 占 15.63%、240 ~ 280 m 占 22.57%、280 ~ 320 m 占 7.70%，大部分钓钩分布在 80 ~ 280 m 水深范围，占 82.91%（图 2 − 3 − 2a）。试验作业中，钓钩深度分布范围：66 ~ 300 m，其中 40 ~ 80 m 占 1.22%、80 ~ 120 m 占 18.04%、120 ~ 160 m 占 26.96%、160 ~ 200 m 占 14.23%、200 ~ 240 m 占 13.75%、240 ~ 280 m 占 19.01%、280 ~ 320 m 占 6.80%，大部分钓钩分布在 80 ~ 280 m 水深范围，占 91.98%（图 2 − 3 − 2b）；对于挂不同重量重锤的钓钩，钓钩深度略有不同（具体见

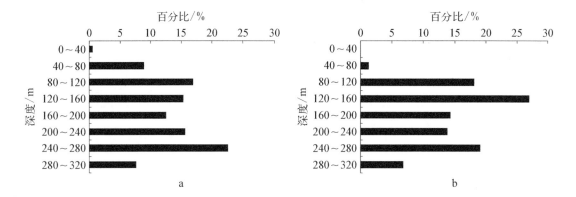

a　　　　　　　　　　　　　　　　　b

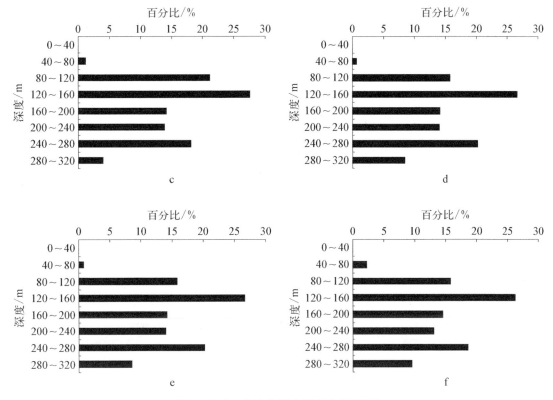

图2-3-2　钓钩的拟合深度分布百分比

a 传统作业　b 实验作业　c 5 kg　d 4 kg　e 3 kg　f 2 kg

图2-3-2c~f）。总之,较浅水层(0~80 m)中,传统作业钓钩的分布频率远大于试验作业；在120~160 m的水层,前者的钓钩分布比例远小于后者；在160 m以下的较深水层,前者略大于后者,二者相差不大(图2-3-2a、b)。

图2-3-3显示了34个站点钓钩在8个标准深度层的分布比例。由图可得,第一组站点(1 001~1 105,图中左边12列)内,所有的钓钩均位于200 m以浅的深度,80~120 m水层

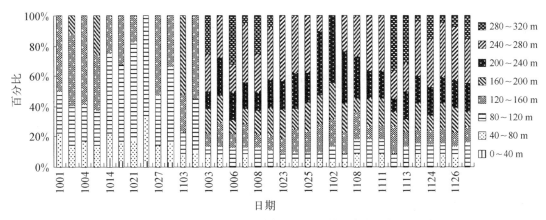

图2-3-3　每天不同水层的钓钩数量分布比例

内的钓钩数所占比例最高,平均为39.64%;其次为120~160 m,平均为36.10%。第二组站点(1 003~1 127,图中右边22列)内,钓钩深度较深,240~280 m水层内的钓钩数所占比例最高,平均为28.39%;其次为200~240 m,平均为21.37%。

3.1.4 取样鱼拟合深度分布

调查期间,大眼金枪鱼钓获深度范围:74~308 m;在不同水层中钓获的尾数分布比例为:0~40 m占0、40~80 m占1.59%、80~120 m占5.29%、120~160 m占13.76%、160~200 m占16.93%、200~240 m占20.63%、240~280 m占30.69%、280~320 m占11.11%,钓获的大部分大眼金枪鱼分布在120~280 m水深范围,共占82.01%(图2-3-4)。由图2-3-4得,在280 m以浅的水层,大眼金枪鱼的钓获尾数的比例随着深度的增加而增加。

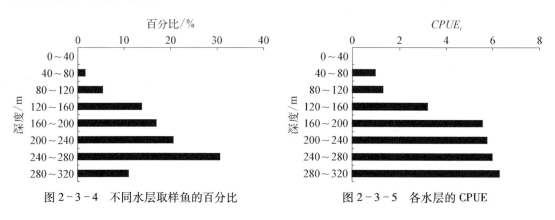

图2-3-4 不同水层取样鱼的百分比   图2-3-5 各水层的CPUE

3.1.5 不同水层的渔获率($CPUE_i$)

36个调查站点中,不同水层的大眼金枪鱼渔获率见图2-3-5。由图可得,在120 m以浅的水层,大眼金枪鱼的渔获率非常低(仅为1尾/千钩左右);在160 m以深的水层,渔获率较高(6尾/千钩左右),并且随着深度的增加,各水层的渔获率有所增加,但增加幅度不大,可认为160~320 m水层为大眼金枪鱼活动较频繁的水层;120~160 m水层的渔获率为3.20尾/千钩,处于中等水平,280~320 m渔获率为6.30尾/千钩,最高。

3.2 名义捕捞努力量、有效捕捞努力量及失效率

3.2.1 不同作业方式

不同作业方式的名义捕捞努力量及有效捕捞努力量见图2-3-6。由图可得,整个调查期间(图2-3-6a),共投放钓钩数44 362枚,有效捕捞努力量为29 957枚,失效率为32.5%;传统作业方式中(图2-3-6b),各站点的名义钓钩数总和为33 460枚,有效捕捞努力量仅为22 450枚,失效率32.9%;试验作业中(图2-3-6c),共投放钓钩11 174枚,有效捕捞努力量为7 590枚,失效率为32.07%。

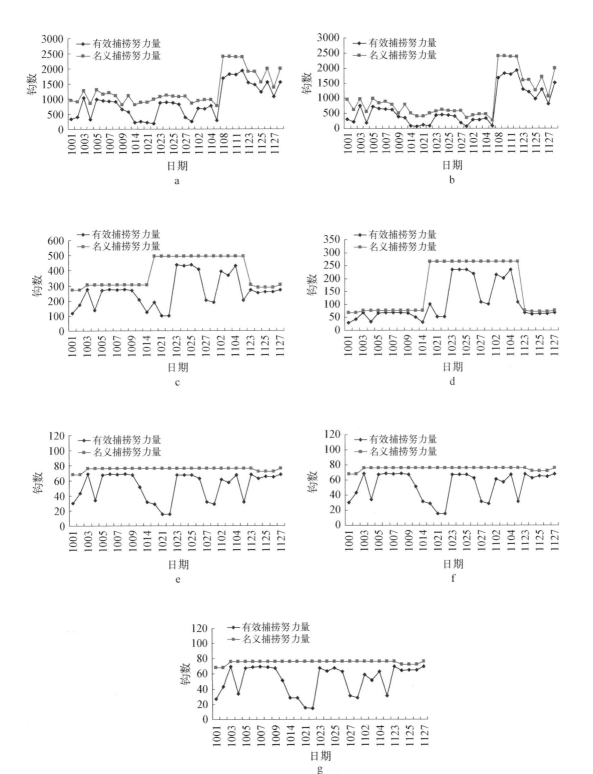

图 2-3-6　名义捕捞努力量和有效捕捞努力量分布情况

a 总计　b 传统作业　c 实验作业　d 5 kg　e 4 kg　f 3 kg　g 2 kg

3.2.2 不同重量的重锤

试验作业中,挂2、3、4、5 kg 重锤的钓具的捕捞努力量见图2-3-6(d~g),其对应的投放钓钩数分别为2 176、2 176、2 176、4 646 枚,对应的有效捕捞努力量分别为1 508、1 526、1 526、3 029 枚,失效率分别为30.7%、29.9%、29.9%、34.8%。对于2 kg 重锤,每个站点投放的钓钩数基本不变(68~76 枚),但是对应的有效捕捞努量相差很大(15~70 枚),3 kg、4 kg 与之相同;对于5 kg 重锤,每个站点投放的钓钩数为68~266 枚不等,有效捕捞努力量为30~235 枚不等。

3.3 名义捕捞努力量与有效捕捞努力量的比较

3.3.1 失效率比较

图2-3-7a 显示了34 个站点传统作业与试验作业两种方式的失效率。由图可得,除10 月21 日外,其他站点的试验作业有效捕捞努力量占名义捕捞努力量的百分比均大于传统作业,增大幅度为10.8%~22.8%不等。

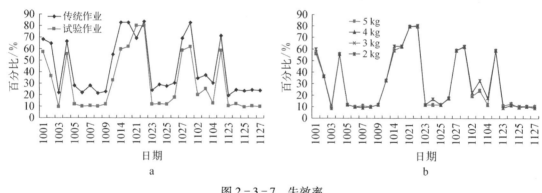

图2-3-7 失效率
a 不同作业方式　b 不同重量重锤

图2-3-7b 显示了试验作业中挂不同重量的重锤的钓具的失效率。由图可得,4 种重锤之间的失效率相差很小(最大值为3%),3 kg、4 kg 的失效率完全相同。

3.3.2 差异显著性分析

运用成对双样本均值分析的t 检验方法,分别检验两种作业方式中有效捕捞努力量与名义捕捞努力量之间的差异是否存在显著性。结果显示,对于传统作业和试验作业,二者均存在极显著性差异($P<0.001$),即,有效捕捞努力量明显小于名义捕捞努力量,具体见表2-3-10。

运用成对双样本均值分析的t 检验方法,检验不同作业方式间失效率是否存在显著性差异。结果显示,二者之间存在极显著性差异($P<0.001$),即,试验作业中的失效率明显小于传统作业,具体见表2-3-11。

运用单因素方差分析方法,检验不同重量的重锤之间失效率是否存在显著性差异。结果显示,4 种水泥块之间无差异($P=0.999$),具体见表2-3-12。

表 2 - 3 - 10　有效捕捞努力量和名义捕捞努力量间差异的 t 检验

作业方式	项　目	平　均	方　差	df	t 统计量	P（双尾）	t（双尾）临界
传统作业	有效捕捞努力量	660.301	326 348.173	33	−12.005	0.000	2.035
	名义捕捞努力量	984.118	443 700.107				
试验作业	有效捕捞努力量	261.722	11 017.424	28	−5.650	0.000	2.048
	名义捕捞努力量	385.310	10 013.793				

表 2 - 3 - 11　不同作业方式失效率的 t 检验

作业方式	平　均	方　差	df	t 统计量	P（双尾）	t（双尾）临界
传统作业	0.437	0.056	28	10.824	0.000	2.048
试验作业	0.300	0.059				

表 2 - 3 - 12　不同重量的重锤失效率的方差分析

差异源	平方和	df	均方	F	P 值	F 临界
组间	0.001	3	0.000 5	0.008	0.999	2.686
组内	6.694	112	0.059 8			
总计	6.696	115				

3.4　有效 CPUE 与名义 CPUE 的比较

34 个调查站点的有效 CPUE 与名义 CPUE 见图 2 - 3 - 8。二者的 t 检验结果（表 2 - 3 - 13）显示，二者存在极显著性差异（$P<0.001$），有效 CPUE 明显大于名义 CPUE。

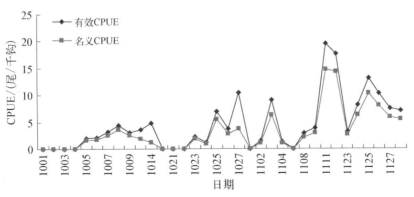

图 2 - 3 - 8　各调查站点的名义 CPUE 和有效 CPUE

表 2 - 3 - 13　有效 CPUE 与名义 CPUE 差异的 t 检验

CPUE	平　均	方　差	df	t 统计量	P（双尾）	t（双尾）临界
有效	4.500	25.309	33	4.679	0.000	2.035
名义	3.258	14.791				

4 讨 论

4.1 钓钩深度的分布

金枪鱼延绳钓作业中,渔获物物种较多,不仅包括大眼金枪鱼、黄鳍金枪鱼、长鳍金枪鱼、剑鱼等,还包括大量的其他兼捕种类,其中有国际上强烈呼吁保护的种类,如鲨鱼、海龟、海鸟及其他哺乳动物等。根据戴小杰等[36]大西洋金枪鱼延绳钓的渔获物种统计,共有 1 种海龟和 27 种鱼类,除大眼金枪鱼、黄鳍金枪鱼和箭鱼外,其他都是经济价值较低和丢弃的种类。随着金枪鱼延绳钓捕捞技术的发展,为了保护其他海洋生物、减少兼捕和误捕,为了延绳钓钓捕对象更加明确、达到精确捕捞,其中重要的一点就是能够比较精确地控制延绳钓钓钩的深度分布以及准确掌握目标鱼种和兼捕鱼种栖息的水深[16]。

Hanamoto、Suzuki、Gong、Grundinin、Ward 和 Nakano 等均在他们的研究中采用悬链线公式[33]计算钓钩的理论深度,假设条件为环境中不存在影响延绳钓钓具在水中状态的因子[37-42]。然而,实际作业中,由于海洋环境因子的影响,钓具就会出现变浅现象(实际深度小于根据悬链线公式计算的理论深度),从而减小捕捞深度[43-47]。Hanamoto 和 Nishi 对日本延绳钓进行研究,浮子间钓钩数为 5 枚的钓具,根据悬链线公式计算得出,其最深钓钩所能到达的理论深度为 170~190 m;而实际测量中,Hanamoto 得到的结果为 100~160 m,Nishi 为 122~178 m,平均深度变浅率分别为 24% 和 11%[43-44]。Saito 对主捕长鳍金枪鱼的钓具(钓钩达 100~350 m 的深度)进行研究时,发现钓钩深度变浅率为 10%[47]。Boggs 研究深水延绳钓钓具(浮子间钓钩数为 12~20 枚,到达深度为 225~450 m)时,发现实际观测深度仅为理论深度的 54% 和 68%,变浅率为 46% 和 32%,二者之间存在较大差异[45]。本次调查中,钓具浮子间钓钩数为 21~23 枚不等,根据悬链线公式所能达到的最大深度为 310~350 m,微型温度深度计实测的数据显示,实际最大深度为 90~320 m,平均深度变浅率为 27%,最大为 72%。由此可见,海洋环境对于延绳钓钓具的影响不容忽视,应该尽可能掌握其影响机制,提高钓具对目标鱼种的捕捞效率,减少兼捕及误捕。

4.2 影响钓钩深度的因素

延绳钓钓具在水中会受到诸多因素的影响,Bigelow 认为,在延绳钓作业中,流速、流剪切力、风等海洋环境因子使得钓具实际到达深度偏离根据悬链线公式计算的理论深度[16];Bigelow 在研究中仅把钓钩位置和表层流速作为影响钓钩深度分布的因子[34];宋利明和高攀峰认为钓钩所能达到的实际平均深度主要受到钓具漂移速度(指钓具在风、流等的合力作用下,钓具在海中的对地漂移的速度)、风速、风向、风流合压角、风弦角等因素的影响[12]。据此,可以把这些影响钓钩深度的因子归为三大类:钓具结构、海洋环境和作业参数。

4.2.1 钓具结构对钓钩深度的影响

根据悬链线公式计算钓钩深度时,主要涉及数据包括浮子绳长度、支线长度、浮子间钓钩数、两根支线间的干线长度、两浮子间的水平距离等,其中,浮子绳长度的变化可以在干线形状不变的基础上,整体调节干线深度的变化;支线长度的变化可以在保持干线形状及深度均不变的情况下,调整钓钩到达的深度;但是基于钓具材料、作业器械和工作量等方面的原因,这两个参数对于钓具深度的调节仅能起到辅助作用。浮子间钓钩数、两根支线间的干线长度、两浮子间的水平距离三个参数的变化,能够大幅度调节干线在海水中的形状,从而改变钓具的到达深度,尤其是浮子间钓钩数的变化。20 世纪 60 年代中期,日本延绳钓渔具的浮子间钓钩数仅为 5~6 枚,钓钩深度最深仅能达到 90~150 m;70 年代后期开始,钓钩数发展到大于 10 枚,钓钩的深度也随之达到 100~250 m 的水深[34];当前,深水延绳钓中的浮子间钓钩数甚至达到 20 枚以上[12],最深可到达 400 m 以深的水层,使得捕捞处于较深水层的大眼金枪鱼的大型个体成为可能[34]。随着钓具材料的改进以及捕捞器械功率的增大,金枪鱼延绳钓渔业将向大型化深水捕捞发展。

4.2.2　海洋环境对钓钩深度的影响

本章主要讨论的海洋环境因子包括风、表层流速、赤道逆流和流剪切力对钓钩深度的影响。

风对钓钩深度的影响主要体现在表层。风与钓具的直接接触点为浮子,因此,较强的风会使得浮子漂向下风的方向,但是由于强风会激起较强的海浪,这又会使得整个浮子淹没在浪花中,减小了风直接作用在浮子上的作用力,使得浮子漂向下风方向的趋势大减,因此可以初步认为,风对于整个延绳钓钓具的影响较小,也就是说对于钓钩实际到达的深度影响较小。宋利明和高攀峰采用逐步回归方法计算钓钩实际深度时,钓钩深度模型自动剔除了风的影响,这也可以从侧面证实这一推断[12]。另外,Bigelow 运用 GLM 和 GAM 两种方法研究钓钩深度与海洋环境关系时,风力参数的引入,使得模型的 R^2 值增大 0.046[16]。本章中,钓钩钩深率与风力的相关系数仅为 0.121($P>0.05$),两者之间无显著相关关系,由此可以得出,在实际作业中,可以忽略风对钓钩深度的影响。

表层流指在近岸区域自海面向下至 1~3 m 水层的流动;在深海区域,自海面往下至 10 m 水层内的流动。金枪鱼延绳钓一般作业于开阔的大洋中,因此本处所指的表层流指自海面往下至 10 m 水层内的流动。对于延绳钓钓具来说,10 m 以浅的水域仅仅包括钓具的浮子及部分浮子绳,主体(干线和支线)一般位于 30 m 以深的水体中,由此看来,表层流速的大小不应是延绳钓钓钩深度的决定性因子,在 Bigelow 的研究中[16],表层流速(0~30 m)的引入,使得模型的 R^2 值增大 0.016,也体现了这一观点。

印度洋在东北季风期出现赤道逆流,逆流中心位于 40~300 m 水层,流速一般为 0.50~0.60 m/s,最大流速出现在 100 m 的水层,可达 0.80 m/s[48]。根据实测海流资料可知,本次在赤道海域测得部分站点(第一组站点)正好位于赤道逆流的范围之内,流剪切系数平均值为 -2.41,第二组站点的流剪切系数平均值为 -2.58,这就可以解释为什么赤道海域部分站点钩深率过小。另外,传统作业中,第一组站点(全部位于赤道海域)与第二组站点钓钩深度计算公式的常数项之差为 0.335,试验作业为 0.331,也可以说明赤道逆流对于水中延绳钓钓具形状的影响较大,有无赤道逆流应该作为赤道海区作业时影响钓钩深度的关键因素。

Boggs[45] 和 Mizuno[46-47] 均把表层和温跃层之间的流剪切力假设为影响钓钩实际到达

深度的因子,并且指出,在赤道海域,影响延绳钓钓具形状改变以及深度变浅的因素不是表层流速的大小,而是垂直方向的流剪切力。Bigelow[16]也提出了相同的观点。本章在计算钩深率和各影响因子关系时,也考虑了垂直方向的流剪切力,相关分析结果也显示,钩深率与流剪切力之间存在显著负相关关系,即流剪切力增大,钩深率减小,钓钩的实际深度减小。

4.2.3 作业参数对钓钩深度的影响

本章中的作业参数主要指投绳时的航向。宋利明和高攀峰认为,风流合压角(投绳航向与漂移方向之间的夹角)和风弦角(投绳航向与风向之间的夹角)均有可能引起钓钩深度的变化[12],采用逐步回归方法得出的钓钩深度模型也说明了这一点。本章中依然假设这两个因素对于钓钩深度有影响,但相关性分析结果显示,钓钩的钩深率仅与风流合压角存在显著负相关关系,角度越大($0\sim90°$),钩深率越小,钓钩的实际深度减小。

另外,在相同的钓具结构、海洋环境和作业参数条件下,不同深度的钓钩的变浅率也可能不同[16]。Bigelow认为随着深度的增加,钓钩的变浅率增加,并且把钓钩所能达到深度的一半水深作为变浅率增加值的拐点,该水深处以浅的钓钩变浅率增加值随深度增加呈递增趋势,以深的钓钩变浅率增加值随深度的增加呈递减趋势[34]。本章中,采用钓钩位置作为影响因子来实现上述观点,结果显示,随着钩号的增加,钩深率减小。

4.3 钓钩深度计算方法

目前,通用的延绳钓钓钩深度计算模型是根据悬链线理论[33]得出的公式。为建立更为准确的钓钩深度分布模型进行了许多试验,事实已经证明,传统学说推崇的浮子间钓钩数(HBF)决定钓钩深度的理论存在缺陷[17、19、20]。HBF并非影响延绳钓钓钩深度分布的唯一因素,各种海洋环境因素(钓具漂移速度、漂移方向、风速、风向、风弦角等)以及作业参数(船速、投绳速度等)都对延绳钓钓钩深度分布产生影响[12]。基于此,建立了各种模型以修正理论钓钩深度。Bigelow基于日本渔船在太平洋作业的数据,运用Logistic回归得出不同表层海流(仅考虑流速)下的实际钓钩深度计算公式,计算深度与观测值相差20 m以内,但是该公式仅仅基于浮子间钓钩数为13枚时得出,可能已经无法适用于现在浮子间钓钩数为20枚以上的情况,况且变浅率与表层流速间的相关系数过低($R^2=0.28$),所以这些都限制了该公式在延绳钓钓钩深度计算中的应用[34]。Bigelow利用GLM和GAM模型得出实际深度与理论深度(悬链线深度)、风力、流剪切力、流速(数据来自OCGM模型)的关系,但未给出具体的实际深度与这些影响因子之间的关系模型,所以本章也无法据此计算出每枚钓钩的实际深度[16]。宋利明和高攀峰考虑了钓具漂移速度、风流合压角、风速、风向和风舷角等因素,运用逐步回归的方法研究实际钓钩深度与理论钓钩深度(悬链线深度)的关系,得出较为理想的结果($R=0.748$),但该种方法仅适用于海洋环境比较单一的情况,无法应对于本次作业海域(主要因为部分站点的作业海域存在赤道逆流)[12]。本章采用广义线性模型(GLM)中的完全随机设计协方差分析方法来计算钓钩的实际深度。根据悬链线计算公式,调查期间最深钓钩位于$310\sim350$ m,实际测量显示,在赤道海域的某些站点,实际最深钓钩深度仅为90 m左右,其他站点最深可达320 m,本章选取中间值(200 m)深度把所有的站点分为两组,得出较为理想的钓钩深度计算模型(正常作业: $R^2 = 0.805$;试验作业: $R^2 = 0.737$),拟合计算的钓钩深度与实际观测值最大相差 50 m(仅个别),一般在 30 m 以内。

4.4　大眼金枪鱼垂直分布

本章研究得出,在印度洋热带水域,大眼金枪鱼活动较频繁的水层为 160～320 m(CPUE > 5.56 尾/千钩),这与姜浪波等利用理论钓钩深度(中国大型超低温延绳钓船作业,2 浮子间的钓钩数为 18 枚),采用与本章基本相同的数据处理方法分析印度洋大眼金枪鱼垂直分布与水层、水温的关系得出的大眼金枪鱼活动较频繁的水层为 160.0～239.9 m 的结果有所不同[49]。另外,Mohri 等用理论钓钩深度(1986～1987 年日本延绳钓船作业,2 浮子间的钓钩数为 11 枚)分析印度洋大眼金枪鱼的垂直分布与水层、水温的关系,得出在水深 261～280 m 渔获率最高[50],这与本章得出水深 280～320 m 处渔获率(CPUE 为 6.30 尾/千钩)最高,两者比较接近。通过比较可得出,本章得出的结果具有一定的准确性,在一定程度上反映出该海域大眼金枪鱼的分布,但是在本次调查中,钓钩无法下沉到 320 m 以深的海域,因此无法得出该深度以深的大眼金枪鱼的分布情况。Dagorn 等采用标志放流方法得出,大眼金枪鱼生活于海水表层到数百米深度范围内,最大下潜深度约 500 m[21];Mohri 根据推测的大眼金枪鱼钓获适宜水温(10～16℃),指出适温上限在赤道海域为 150 m,适温下限为 400 m[52];宋利明和张禹分析了印度洋热带海域大眼金枪鱼渔获率与温跃层的关系,结果显示,该海域温跃层的深度一般位于 100～200 m,温跃层内的大眼金枪鱼渔获率显著小于温跃层以深的渔获率($P < 0.01$)[15],这表明该海区该季节大眼金枪鱼主要分布于 200 m 以深的水层,据此可以推测出,在 320 m 以深的水层仍然为大眼金枪鱼活动较为频繁的水层,以后应进一步研究。另外,本章采用拟合深度来反映大眼金枪鱼的垂直分布,虽然得出较为理想的结果,但是不同的钓具、不同的作业参数、不同的海洋环境、不同的数据处理方法,可能得出不同的金枪鱼垂直分布结果,这也说明利用生产数据来分析大眼金枪鱼的栖息环境存在一定的局限性(钓具投放深度的限制),今后须应用标志放流、科学调查船实地调查等方法来进一步研究大眼金枪鱼的栖息环境。

4.5　有效捕捞努力量

有效捕捞努力量是为了解决由于资源密度不均随之出现的作业分布不均等原因导致对 CPUE 和总捕捞努力量的估计偏差问题而对名义捕捞努力量进行标准化的一种方法[51]。在金枪鱼资源分析中,有效捕捞努力量主要用来评估金枪鱼的资源丰度;起初,该方法用于太平洋的蓝枪鱼和大西洋的白枪鱼资源[52-53],后来,Bigelow 采用有效捕捞努力量方法分别对太平洋大眼金枪鱼的资源丰度进行评估[34]。有效捕捞努力量[包含在栖息地模型(HBM)中]在金枪鱼 CPUE 标准化方面也得到广泛应用,并取得良好效果。Nishida 等同时利用 GLM 方法和 HBM-GLM 方法对印度洋日本延绳钓渔业的黄鳍金枪鱼 CPUE 数据进行标准化处理。结果显示,根据 HBM-GLM 方法能够计算出更为准确的黄鳍金枪鱼资源量丰度指数[54]。

本章中,主要引入有效捕捞努力量来比较两种作业方式对于捕捞大眼金枪鱼的效率。首先,不同作业方式捕捞努力量失效率的比较:钓钩深度分布百分比显示,试验作业钓钩的总体深度大于传统作业,而钓获率随着深度的增加而增大,据此可以推测,试验作业的捕捞努力量失效率远小于传统作业;但是计算结果显示,试验作业的捕捞努力量失效率(32.07%)略小于传统作业(32.9%),可能的原因为:在失效率较高的站点(第一组站点),两种作业方式同步展开,而在部分失效率较低的站点(11月8、9、11、12、29日),取消了试验作业,这样就使得传统作业的总捕捞努力量失效率下降,使得二者相差不大。其次,各站点试验作业与传统作业失效率的差异性检验结果显示:试验作业的失效率明显小于传统作业。结合两种比较结果,可以得出:在捕捞大眼金枪鱼方面,试验作业的捕捞效率明显高于传统作业,并且可以在以后的实际生产中进行推广。

4.6 渔具渔法的改进

4.6.1 浮沉力的配备

分析结果显示,重锤的配备使得钓钩的总体深度加深,有效捕捞努力量增大,钓具的捕捞效率得到提高,但是水泥块密度小、体积大,经称量其在海水中的重量只有空气中重量的一半左右。在起绳时,由于悬挂水泥块的钓钩深度深,干线上的张力变大,再加上水泥块在海水中的阻力,使干线断裂的现象在后3个航次中频频出现,影响了生产。铅的密度大于水泥块,在水中浮力和阻力小,沉降力大,因此建议改用铅块。

姜文新[55]进行类似试验得出,3 kg、5 kg重锤使得干线总体下沉深度明显大于1 kg、2 kg重锤,据此应该选择重量较大的重锤来进一步提高钓具的有效捕捞努力量,但本章研究显示,4种重锤之间对于有效捕捞努力量的影响均无显著性影响,二者之间存在差异,另外本文采用t检验的方法对实际测得的不同重量的重锤下的钓钩深度进行检验,结果显示,不同重量之间无差异,所以本文建议使用1.5 kg重的铅块,这样既保证了该种铅块在水中的重量大于2 kg水泥块在水中的重量,又可减少起绳作业时重锤所产生的阻力,从而减少干线被绞断的次数,既可减少干线损失,又可提高作业效率。

4.6.2 筐的设定

建议空出每筐的第一枚钓钩(浮子信号后的第一个信号),第二枚钓钩处挂1.5 kg的铅质重锤,其后的钓钩投放与传统作业相同,筐的另外一端与开始端相同,每筐内17~21根支线。该种作业方式中,最浅的钓钩深度为140 m(调查中测得),最深钓钩位于300 m左右(赤道逆流海区除外),这就使得所有钓钩均处于钓获率较高的水层(160~320 m)。另外,大多数海龟栖息在120 m水深以浅[56],处于最浅钓钩所达到的深度以浅的水层,延绳钓捕获的大多数鲨鱼种类也处于海洋的中上层[58],因此该种钓具的使用将大大降低对海龟(调查中未捕获)和鲨鱼的误捕率。

4.6.3 投绳航向设定

根据钓钩深度公式显示,钓钩的钩深率与风流合压角成反比,因此,建议投绳航向与钓具漂移方向尽量保持一致,在增大钩深率的同时,可缩短投绳时间(顺流时船速变高),提高作业效率。

4.6.4 其他参数的设定

建议船速 3.855 m/s(7.5 节),投绳机出绳速度 5.654 m/s(11 节),两钓钩间的时间间隔为 8 s,浮子间钓钩数 21 枚,据此,每个钓钩的理论深度见表 2 - 4 - 1。在农历每月 15 日前后,月光较强的夜晚(渔民俗称月光水),金枪鱼游至水面近表层[58-59],可把每筐钓钩数量改为 18 枚,其他参数不变,各钩号理论深度见表 2 - 4 - 2。

表 2 - 4 - 1 两浮子间钓钩的理论深度和实际深度分布(21 枚)

钩 号	1	2	3	4	5	6	7	8	9	10	11
理论深度 D_t	143	176	209	240	269	295	318	338	352	361	365
87%* D_t	124	153	182	209	234	257	277	294	307	314	317

*：87% 指第二组站点试验作业获得的部分钓钩钩深率数据的平均值。

表 2 - 4 - 2 两浮子间钓钩的理论深度和实际深度分布(18 枚)

钩 号	1	2	3	4	5	6	7	8	9
理论深度 D_t	143	177	209	239	267	291	311	325	332
87% D_t	124	154	182	208	232	254	271	283	289

4.7 今后的研究方向

4.7.1 实际钓钩深度计算

根据微型温度深度计实测的钓钩深度剖面显示,钓钩在海水中的深度时刻发生变化,变化幅度大小不一。一般较深水层的钓钩上下变化幅度大于较浅水层的钓钩。Bigelow(2002)在计算钓钩实际深度时,采用公式: $\sigma(D_j) = 8.73 + 4.4j$ ($R^2 = 0.64$)来表示钓钩在海水中的上下摆动幅度,其中 j 表示钓钩的编号[34]。本文仅采用钓钩稳定期间所有测得数据的平均值来表示该枚钓钩的实际深度,在一定程度上影响了实际钓钩深度计算的精度。

另外,微型温度深度计挂在干线上,其自身的重量和受到海流的冲击力可能使得收集到的数据并不能完全反映出钓钩的深度分布情况,这也会影响实际钓钩深度计算模型的精度。

本章在计算不同重量的水泥块下沉深度时,提出两个假设:① 假设浮子绳在水中呈重力方向下垂;② 假设整个调查期间的相同重量的重锤的下沉垂度相同。对于第一个假设,浮子绳总长为 30 m,由于海流的作用,浮子绳的实际下垂方向可能与重力方向存在偏差,但是由于干线及支线重力的影响,偏差方向不会太大,即使偏开 30°,浮子绳实际下沉深度仍能达到 26 m,仅减少 4 m,所以说该假设对于整个计算结果影响很小;对于第二个假设,由实际测量中可知,相同重量重锤的下沉垂度并不相同(最大差别达到 40 m),这是因为重锤在海水中的垂度是在受到自身的重力、海水的浮力、海流的冲击力、钓具的拉力等复杂的综合作用下产生的。在今后的研究中,应该运用渔具力学及流体力学分别对四种重锤进行分析,得出不同重量的重锤在海洋环境中的下沉深度。

4.7.2 有效捕捞努力量的计算

Bigelow 等定义有效捕捞努力量时指出,P_{atd}表示在 a 海区 t 时间内 d 深度层大眼金枪鱼的分布比例[34]。本次调查中假设整个调查期间每个站点大眼金枪鱼垂直分布比例相同来计算有效捕捞努力量,应该在以后的研究中进一步验证这种假设的有效性。

本章计算出的不同重量的重锤的有效捕捞努力量显示,四者之间基本相同(2、3、4 kg 完全相同),可能的原因:挂不同重量的重锤后,钓钩深度的差距较小,以 40 m 为分层标准无法区分出挂了不同重量的重锤后在该层内钓钩数的差异,因此建议在以后的研究中,应该以 20 m 为一层,甚至更小。不同的饵料会对大眼金枪鱼的渔获率产生影响[60-61],从而影响有效捕捞努力量的估算,今后应对饵料不同产生的影响做进一步的研究。

4.7.3 其他方面

调查显示,浮子绳附近的干线在重锤的重力作用下全面下沉,但是筐内中间部分的钓具受重锤的影响较小,受到较大的流速影响时,钓具的深度仍可能会大大减少。因此,建议在 2 个浮子间干线的中间处挂一重锤,并做进一步研究分析。

5 结 论

本章采用农业农村部公海渔业资源探捕项目《印度洋公海金枪鱼资源探捕》子项目的实测数据,建立了拟合钓钩深度计算模型,对钓钩深度分布、取样鱼深度分布进行了探讨,并得出不同水层大眼金枪鱼的上钩率;以不同水层大眼金枪鱼的上钩率为权重,得出不同作业方式间的有效捕捞努力量分布。同时,本章还应用多种统计学方法,对试验作业方式与传统作业方式捕获大眼金枪鱼时的性能进行比较,提出捕捞大眼金枪鱼延绳钓渔具的改进方案,主要结论如下。

5.1 拟合钓钩深度计算模型

以钩深率(TDR - 2050 记录的实测钓钩深度与该枚钓钩的理论深度的比值)为因变量,流剪切系数、风速、钓钩位置编号、风流合压角、风弦角和重锤重量为影响因子,运用 SPSS 软件,采用相关性分析和广义线性模型(GLM)中的完全随机设计协方差分析方法建立拟合钓钩深度计算模型。结果得出:

(1)传统作业:钩深率 P 与钓钩位置编号(N_{th})、流剪切系数($\tilde{K}$)和风流合压角正弦值($\sin \gamma$)之间的关系为

第一组:$P = -0.046 - 0.291\tilde{K} - 0.01N_{th} - 0.186\sin \gamma$

第二组:$P = 0.289 - 0.291\tilde{K} - 0.01N_{th} - 0.186\sin \gamma$

（2）试验作业：钩深率 P 与钓钩位置编号（N_{th}）、流剪切系数（$\tilde{K}$）和风流合压角正弦值（$\sin \gamma$）之间的关系为

第一组：$P = -0.124 - 0.327\tilde{K} - 0.02N_{th} - 0.073\sin \gamma$

第二组：$P = 0.207 - 0.327\tilde{K} - 0.02N_{th} - 0.073\sin \gamma$

5.2　钓钩拟合深度分布

传统作业中，钓钩深度分布范围为 31~308 m，其中，最高水层为 240~280 m，占 22.57%；其次为 80~120 m，占 16.89%；大部分钓钩分布在 80~280 m 水深范围，占 82.91%。试验作业中，钓钩深度分布范围为 66~300 m，其中，最高水层为 120~160 m，占 26.96%；其次为 240~280 m，占 19.01%；大部分钓钩分布在 80~280 m 水深范围，占 91.98%。对于挂不同重量重锤的钓钩，钓钩深度略有不同。总之，较浅水层（0~80 m）中，传统作业钓钩的分布比例远大于试验作业；在 120~160 m 的水层，前者的钓钩分布比例远小于后者；在 160 m 以深的水层，前者略大于后者，二者相差不大。

5.3　取样鱼拟合深度分布

调查期间，大眼金枪鱼钓获深度范围为 74~308 m；在不同水层中钓获的尾数分布比例为：0~40 m 占 0%、40~80 m 占 1.59%、80~120 m 占 5.29%、120~160 m 占 13.76%、160~200 m 占 16.93%、200~240 m 占 20.63%、240~280 m 占 30.69%、280~320 m 占 11.11%，钓获的大部分大眼金枪鱼分布在 120~280 m 水层，共占 82.01%。在 280 m 以浅的水层，大眼金枪鱼的钓获尾数的比例随着深度的增加而增加。

5.4　不同水层大眼金枪鱼的渔获率

钓获大眼金枪鱼的最浅水层为 40~80 m，在 120 m 以浅的水层，大眼金枪鱼的渔获率较低（仅为 1 尾/千钩左右）；在 160 m 以深的水层，渔获率较高（6 尾/千钩左右），并且随着深度的增加，各水层的渔获率有所增加，但幅度不大（最高为 6.303 尾/千钩）；120~160 m 水层的渔获率为 3.20 尾/千钩，处于中等水平。

5.5　不同作业方式的有效捕捞努力量和失效率

整个调查期间，共投放钓钩数 44 362 枚，有效捕捞努力量为 29 957 枚，失效率为 32.5%；传统作业方式中，各站点的名义钓钩数总和为 33 460 枚，有效捕捞努力量为 22 450 枚，失效率 32.9%；试验作业中，共投放钓钩 11 174 枚，其有效捕捞努力量为 7 590 枚，失效率为 32.07%；挂 2、3、4、5 kg 重锤的钓具中，分别投放钓钩 2 176、2 176、2 176、4 646 枚，对应的有效捕捞努力量分别为 1 508、1 526、1 526、3 029 枚，失效率分别为 30.7%、29.9%、29.9%、34.8%。

5.6 名义捕捞努力量与有效捕捞努力量的比较

运用成对双样本均值分析的 t 检验方法,分别检验两种作业方式中有效捕捞努力量与名义捕捞努力量之间是否存在显著性差异,结果显示,对于传统作业和试验作业,二者均存在极显著性差异($P<0.001$),有效捕捞努力量明显小于名义捕捞努力量。

运用成对双样本均值分析的 t 检验方法,检验不同作业方式间失效率是否存在显著性差异,结果显示,二者之间存在极显著性差异($P<0.001$),试验作业中的失效率明显小于传统作业。

运用单因素方差分析方法,检验不同重量的重锤之间失效率是否存在显著性差异,结果显示,4 种水泥块之间无差异($P=0.999$)。

5.7 渔具改进方案

分析结果显示,重锤的配备使得钓钩的总体深度加深、有效捕捞努力量增大,钓具的捕捞效率得到提高。建议使用 1.5 kg 重的铅块,这样既保证了该种铅块在水中的重量大于 2 kg 水泥块在水中的重量,又可减少起绳作业时重锤所产生的阻力,从而减少干线的绞断次数;既可减少干线的损失,又可提高作业效率。

建议空出每筐的第一枚钓钩(浮子信号后的第一个信号),第二枚钓钩处挂 1.5 kg 的铅质重锤,其后的钓钩投放方式与传统作业相同,筐的另外一端与开始端相同,每筐内 17~21 枚支线。该种作业方式中,最浅的钓钩深度为 140 m(调查中测得),最深钓钩在 300 m 左右(赤道逆流海区除外),保证所有钓钩均处于钓获率较高的水层(160~320 m)。另外,该种钓具的使用将大大降低对海龟和鲨鱼的误捕率。

建议投绳航向与钓具漂移方向尽量保持一致,在增大钩深率的同时,缩短投绳时间(顺流时船速变高),提高作业效率;建议船速 3.855 m/s,投绳机出绳速度 5.654 m/s,两钓钩间的时间间隔为 8 s,浮子间钓钩数为 21 枚。在农历每月 15 日前后,把每筐钓钩数量改为 18 枚,其他参数不变。

参 考 文 献

[1] 许柳雄.中国金枪鱼渔业现状及发展空间探讨[R]//黄锡昌.中国水产捕捞学术研讨会论文集(四),2001:1-6.

[2] 乔伟海.坚持技术创新,促进远洋渔业发展[J].渔业现代化,2002:41-42.

[3] 戴小杰.印度洋金枪鱼渔业[J].远洋渔业,1999,1:13-18.

[4] 唐小曼.西印度洋金枪鱼渔业发展现状[J].远洋渔业,1992,4:34-37.

[5] 黄锡昌,虞聪达,苗振清.中国远洋捕捞手册[M].上海:上海科学技术文献出版社,2001:148-157.

[6] FAO YEARBOOK. Fishery statistics capture production Vol. 90/1 2000[R]. Rome FAO Fishery Information, Data sand Statistics Unit. 2R002, 617.

[7] XU LIUXIONG, DAI XIAOJIE. China's Tuna Fishery in IOTC Waters IN 2000[R]. 2001, IOTC/WPTT-01-25.

[8] 叶振江,邢智良,高志军.两种结构延绳钓渔具使用效果的比较研究[J].青岛海洋大学学报,2000,30(4):603-608.

[9] 叶振江,梁振林,邢智良,等.金枪鱼延绳钓不同位置钓钩渔获效率的研究[J].青岛海洋大学学报,2001,31(5):

707－712.

[10] 宋利明.中西太平洋金枪鱼延绳钓捕捞技术的改进[J].上海水产大学学报,1998,7(4):345－347.

[11] 冯波,许柳雄.印度洋大眼金枪鱼延绳钓钓获率与 50 m、150 m 水层温差间关系的初步研究[J].上海水产大学学报,
2004,13(4):359－362.

[12] 宋利明,高攀峰.马尔代夫海域延绳钓渔场大眼金枪鱼的钓获水层、水温和盐度[J].水产学报,2006,30(3):
335－340.

[13] XU LIUXIONG, SONG LIMING, GAO PANFENG, et al. Catch rate comparision between circle hooks and ring hooks in
the tropical high seas of the Indian Ocean based on the observer data[R]. IOTC－2006－WPTT－12.

[14] SONG LIMING, ZHOU JI, ZHOU YINGQI, et al. Environmental preferences of longlining for bigeye tuna (*Thunnus
obesus*) in the tropical high seas of the Indian Ocean[R]. IOTC－2006－WPTT－14.

[15] 宋利明,张禹,周应祺.印度洋热带公海温跃层与黄鳍金枪鱼和大眼金枪鱼渔获率的关系[J].水产学报,2008,3:
369－378.

[16] KEITH BIGELOW, MICHAEL K MUSYL, FTANXOIS POISSON, et al. Pelagic longline gear depth and shoaling[J].
Fisheries Research, 2006(77):173－183.

[17] MIZUNOK, OKAZAKIM, NAKANOH, et al. Estimating the underwater shape of tuna longlines with Micro-
bathythermographs. IATTC/Special Report 10. California 1999:1－36.

[18] BOGGS C H. Depth, capture time, and hooked longevity of longline caught pelagic fish: timing bites of fish with chips.
Fish. Bull, 1992(90):642－658.

[19] MIZUNO K, OKAZAKI M, NAKANO H, et al. Estimation of underwater shape of tuna longlines with micro-
bathythermographs[J]. Int. Am. Trop. Tuna Commun, 1999, Spec. Rep. 10, 35.

[20] STEVE BEVERLY, ELTON ROBINSON, DAVID ITANO. Trial setting of deep longline techniques to reduce bycatch and
increase targeting of deep-swimming tunas. 2004 SCTB/FTWG－WP－7a.

[21] DAGORN L, BACH P, JOSSE E. Movement patterns of large bigeye tuna (*Thunnus obesus*) in the open ocean,
determined using ultrasonic telemetry[J]. Marine Biology, 2000(136):361－371.

[22] PABLO CHAVANCE. Depth, temperature, and capture time of longline targeted fish in New Caledonia: Results of a one
year study[R]. 2005 WCPFC－SC1 FT IP－3.

[23] SYLVIA S, JOHN S, JOHN H. Oceanography's role in bigeye tuna aggregation and vulnerability[R]. Pelagic Fisheries
Research Program News letter, 1999, 4(3).

[24] HAMPTON J, BIGELOW K, LABELLE M. A summary of current information on the biology, fisheries and stock
assessment of bigeye tuna(*Thunnus obesus*)in the Pacific Ocean, with recommendations for data requirements and future
research[M]. Noumea, New Caledonia. Oceanic Fisheries Program Technical Report No. 36, 1998.

[25] LIU C T, NAN C H, HO C R, et al. Application of satellite remote sensing on the tuna fishery of eastern tropical Pacific
[R]. The ninth workshop of OMISAR, 2002, 1 1 Vietnam.

[26] BERTRAND A, BARD F X, JOSSE E. Tuna food habits related to the micronekton distribution in French Polynesia[J].
Marine Biology, 2002(140):1023－1037.

[27] 钱世勋.金枪鱼渔业综述[J].远洋渔业,1995,(4):40－45.

[28] 沈汉祥,李善勋,唐小曼,等.远洋渔业,北京:海洋出版社,1987:256－282.

[29] 李豹德,等.中国海洋渔具调查和区划[M].杭州:浙江科技出版社,1992:442－480.

[30] 叶振江,邢智良.金枪鱼延绳钓的渔具结构与设计的初步研究[J].海洋湖沼通报,1999,4:59－64.

[31] 许柳雄.中国金枪鱼渔业现状及发展空间探讨[C]//黄锡昌.中国水产捕捞学术研讨会论文集(四),2001,1－6.

[32] 周应祺.渔具力学[M].北京:中国农业出版社,2000:94－102.

[33] 斉藤昭二.マグロの遊泳層と延縄漁法[M].東京:成山堂書屋,1992:9－10.

[34] KEITH A. BIGELOW, JOHN HAMPTON, NAOZUMI MIYABE. Application of a habitat-based model to estimate effective
longline fishing effort and relative abundance of Pacific bigeye tuna (Thunnus obesus)[J]. Fish Oceanogr, 2002(11):3,
143－155.

［35］ 李志辉,罗平.SPSS for Windows 统计分析教程［M］.北京：电子工业出版社,2003：173－175.

［36］ 戴小杰,项亿军.热带大西洋公海金枪鱼延绳钓渔获物上钩率的分析［J］.水产学报,2000,24(1)：81－85.

［37］ HANAMOTO E. Effect of oceanographic environment on bigeye tuna distribution［J］. Bull. Jpn. Soc. Fish. Oceanogr. 1987 (51)：203－216.

［38］ SUZUKI Z, WARASHINA Y, KISHIDA M. The comparison of catches by regular and deep tuna longline gears in the western and central equatorial Pacific. Bull. Far Seas Fish. Res. Lab, 1997, 15：51－89.

［39］ GONG Y, LEE J-U, KIM Y-S, et al. Fishing efficiency of Korean regular and deep longline gears and vertical distribution of tunas in the Indian Ocean. Bull. Korean Fish. Soc, 1989, 22：86－94.

［40］ GRUNDININ V B. On the ecology of yellowfin tuna (*Thunnus albacares*) and bigeye tuna (*Thunnus obesus*)［J］. J. Ichthyol, 1989, 29 (6)：22－29.

［41］ WARD P J, RAMIREZ C M, CATON A E. Preliminary analysis of factors affecting catch rates of Japanese longliners in the north-eastern AFZ［M］//Ward P J. Japanese Longlining in Eastern Australian Waters. Canberra：Bureau of Resource Sciences, 1996：145－183.

［42］ NAKANO H, OKAZAKI M, OKAMOTO H. Analysis of catch depth by species for tuna longline fishery based on catch by branch lines［J］. Bull. Nat. Res. Inst. Far Seas Fish, 1997, 34：43－62.

［43］ HANAMOTO E. Fishery oceanography of bigeye tuna. I. Depth of capture by tuna longline gear in the eastern tropical Pacific Ocean［J］. La Mer, 1974, 13：58－71.

［44］ NISHI T. The hourly variations of the depth of hooks and the hooking depth of yellowfin tuna (*Thunnus albacares*), and bigeye tuna (*Thunnus obesus*), of tuna longline in the eastern region of the Indian Ocean［J］. Mem. Fac. Fish. Kagoshima Univ, 1990, 39：81－98.

［45］ BOGGS C H. Depth, capture time, and hooked longevity of longline caught pelagic fish：timing bites of fish with chips［J］. Fish. Bull, 1992, 90：642－658.

［46］ MIZUNO K, OKAZAKI M, MIYABE N. Fluctuation of longline shortening rate and its effect on underwater longline shape ［J］. Bull. Nat. Res. Inst. Far Seas Fish, 1998, 35：155－164.

［47］ SAITO, S. Studies on fishing of albacore, *Thunnus alalunga* (Bonnaterre) by experimental deep-sea tuna long-line［J］. Mem. Fac. Fish. Hokkaido Univ, 1973, 21：107－185.

［48］ 李建筑,刘宗寅.海洋气象变化万千［M］.青岛：青岛海洋大学出版社,1999：107－125.

［49］ 姜浪波,许柳雄,黄金玲.印度洋大眼金枪鱼垂直分布与水温的关系［J］.上海水产大学学报,2005,14(3)：333－336.

［50］ MASAHIKO MOHRI, TOM NISHIDA. Distribution of bigeye tuna and its relationship to the environmental conditions in the Indian Ocean based on the Japanese longline fisheries information ［R］. IOTC Proceedings, 1999, 2：221－230.

［51］ 詹秉义.渔业资源评估［M］.北京：中国农业出版社,1995：67－69, 59－60.

［52］ HINTON M G, NAKANO H. Standardizing catch and effort statistics using physiological, ecological, or behavioral constraints and environmental data, with an application to blue marlin (*Makaira nigricans*) catch and effort data from Japanese longline fisheries in the Pacific［J］. *Inter-Am. Trop. Tuna Comm. Bull*, 1996, 21：171－200.

［53］ YOKAWA K, TAKEUCHI Y. Estimation of abundance index of white marlin caught by Japanese longliners in the Atlantic Ocean［R］. ICCAT/SCRS/02/060：21, 2002.

［54］ TOM NISHIDA, KEITH BIGELOW, MASAHIKO MOHRI, et al. Comparative study on japanese tuna longline cpue standardization of yellowfin tuna (*thunnus albacares*) in the indian ocean based on two methods：- general linear model (GLM) and habitat-based model (HBM)/GLM combined — (*1958－2001*) Contents［R］. ITCO Proceedings, 2003 (6)：48－69.

［55］ 姜文新.印度洋金枪鱼捕捞技术研究(D).上海水产大学.2006.

［56］ BRETT MOLONY. Estimates of the mortality of non-target species with an initial focus on seabirds, turtles and sharks［R］. WCPFC－SC1－EB－WP－1, 2005.

［57］ 孟庆闻,苏锦祥,缪学祖.鱼类分类学［M］.北京：中国农业出版社.1995：10－30.

[58]　赵传綑,陈思行.金枪鱼和金枪鱼渔业[M].北京:海洋出版社,1983:118-120.

[59]　黄锡昌.中国远洋捕捞手册[M].上海:上海科学技术文献出版社,2003:69-70.

[60]　SHUNJI JANUMA, KATSUMI MIYAJIMA, TOSHIO Abe. Development and comparative test of squid liver artificial bait for tuna longline[J]. Fisheries Science, 2003, 69:288-292.

[61]　HIDA T S. Food of tunas and dolphins (pisces: *scombridae* and *coryphaenidae*) with emphasis on the distribution and biology of their prey *Stolephorus buccaneeri* (*engraulidae*)[J]. Fishery Bulletin, 1973, 71(1):135-145.

第 3 章

马绍尔群岛海域金枪鱼延绳钓渔具捕捞效率研究

1 引　言

当前,由于我国近海渔业资源严重衰退,许多渔业资源已经处于濒临枯竭状态,迫切需要发展远洋渔业,来缓解我国近海渔业资源的捕捞压力。20 世纪 80 年代,我国开始发展远洋渔业,中国船队开始进入公海等进行生产作业,形成了一定规模;但随着《联合国海洋法公约》的生效,许多国家划定了 200 海里专属经济区,有关国际渔业协定的签订和各沿海国对于本国渔业资源保护意识的增强,使得进入他国专属经济区海域进行渔业生产难度越来越大、成本越来越高。在这种情况下,中国迫切需要发展公海渔业。而金枪鱼类是栖息在大洋上层的大型鱼类,具有高度洄游的特性,属于无国界的鱼类。金枪鱼富含蛋白质、高肌内脂肪和高维生素 A、D,具有很高的营养价值,是世界营养学会推荐的三大营养鱼之一[1]。发展金枪鱼渔业和利用大洋公海渔业资源,已经成为我国各大远洋渔业企业发展的重要方向之一[2]。

金枪鱼渔业是世界最重要的渔业之一,被誉为“黄金渔业”。中西太平洋 1997 年大眼金枪鱼渔获量为 12.1 万 t,2004 年增至 15.6 万 t(创历史最高纪录),之后有所波动,到 2007 年减至 14.3 万 t,占同年太平洋大眼金枪鱼总产量 22.5 万 t 的 64%,表明太平洋大眼金枪鱼渔获量一半产自中西太平洋。延绳钓和围网是中西太平洋大眼金枪鱼的主要捕捞渔具,2007年大眼金枪鱼延绳钓渔业产量 8.2 万 t、围网渔业产量 3.9 万 t。日本、印度尼西亚、韩国以及中国台湾地区是该地区捕捞大眼金枪鱼的大户[3]。

1.1　中国在中西太平洋的金枪鱼渔业状况

1988 年,中国远洋渔业股份有限公司派出第一支由 7 艘金枪鱼延绳钓渔船组成的船队,开赴帕劳群岛共和国捕捞金枪鱼,当年渔获 44 t,揭开了我国中西太平洋金枪鱼渔业的序幕。1991 年后,我国金枪鱼渔业开始步入发展阶段,作业海域从帕劳扩展到密克罗尼西亚联邦共和国和马绍尔群岛共和国。我国在中西太平洋的主要作业海域为密克罗尼西亚、帕劳、斐济、瓦努阿图和马绍尔等太平洋岛国的专属经济区和中西太平洋公海[4]。据中西太平洋渔业委员会(Western and Central Pacific Fisheries Commission, WCPFC)秘书处统计,自 1988 年我国在中西太平洋开始金枪鱼渔业以来,1994 年作业船数最高为 456 艘(未包括台湾地区,下同),2002 年为 125 艘,2007 年为 96 艘。2007 年我国渔船在中西太平洋的金枪鱼总产量为73 428 t,其中大眼金枪鱼 7 821 t,占 10.65%,与 2006 年相比分别减少了 7.0% 和 20.11%[5]。

　　但是由于我国在中西太平洋的金枪鱼渔业缺乏对资源调查的投入和技术的支撑,致使我国金枪鱼延绳钓渔船在捕捞技术上与一些主要的金枪鱼生产国家还存在较大的差距。

1.2 大眼金枪鱼栖息环境研究

　　栖息地是指特定物种生活和生长的地方,尤其指围绕某一物种种群的自然环境。对于鱼类来说指的是鱼类生活的水体和周围的环境[6]。

　　对大眼金枪鱼栖息环境的研究,主要是研究不同的栖息环境(非生物环境)变化对大眼金枪鱼分布的影响。影响大眼金枪鱼分布的非生物环境因素主要有温度、溶解氧、盐度、叶绿素含量、海流等,分析这些影响因子对于掌握大眼金枪鱼的分布具有现实意义。

　　Hanamoto 使用温度、溶解氧数据、实测钓钩深度数据和日本延绳钓渔业数据,对太平洋海域大眼金枪鱼渔获率与温跃层深度和溶解氧最低浓度的关系进行了研究,并且还初步分析了大眼金枪鱼钓获的水温范围[7]。Dagorn 等使用超声波探测技术对大眼金枪鱼一天的运动模式进行了研究,结果表明:大眼金枪鱼栖息于表层到数百米的深度范围内,且呈现出昼潜夜浮的垂直移动现象。白天一般栖息于表层以下较深的海域,最深可潜至水下 600 m 左右,温度可能小于 10℃,夜间则多栖息于水下 100 m 以浅的海域,并且白天有短时间潜伏至浅水层活动的行为[8]。叶振江等对金枪鱼延绳钓不同位置大眼金枪鱼的钓获率进行了研究,结果表明:大眼金枪鱼在水中的垂直分布为个体较小的低龄鱼栖息水层较浅,个体较大的高龄鱼栖息水层较深[9]。Schaefer 等使用档案式标志(archival tag)对东热带太平洋海域大眼金枪鱼的分布、行为和栖息地选择进行了研究,结果表明:50%的大眼金枪鱼分布在深度为 200~300 m、温度为 13~14℃范围内,85%的大眼金枪鱼则分布在深度为 150~300 m、温度为 13~16℃的范围内;并且也呈现出显著的昼夜垂直移动现象[10]。Bertrand 等通过对法属波利尼西亚海域采取声学观测、延绳钓试验和海洋调查同步数据等综合分析,认为大眼金枪鱼溶解氧最低要求为 0.80 mg/L,同时认为分析延绳钓大眼金枪鱼渔获率时,也要考虑金枪鱼与饵料生物分布的关系[11]。Musyl 等使用档案式标志数据(archival tagging data, ACT)研究了夏威夷群岛附近与海山、浮标和岛屿附近的大眼金枪鱼垂直移动,并且结合环境数据,如温度、溶解氧、叶绿素 a 分析了大眼金枪鱼垂直移动与这些要素之间的关系[12]。冯波等对印度洋大眼金枪鱼延绳钓适宜渔获环境进行了研究,结果表明:大眼金枪鱼的渔获适宜环境参数值范围:温度 14~17℃、盐度 34.5~35.4、溶解氧浓度 1.5~4.5 mg/L、温跃层深度 80~160 m、营养盐氮、磷、硅浓度分别大于 12 μg/L、0.9 μg/L、14 μg/L。聚类分析表明,钓获率与营养盐关系最为密切[13]。冯波等采用 GIS 定性分析的方法对印度洋大眼金枪鱼延绳钓钓获率与水温的关系进行了研究,结果表明:大眼金枪鱼延绳钓高钓获率的出现与印度洋加权水温大面分布存在明显的相互关系,大眼金枪鱼的渔获适温在 14~17℃[14]。宋利明等研究了大西洋中部大眼金枪鱼垂直分布与温度、盐度的关系,结果表明:大西洋中部,大眼金枪鱼的最适水层为 240.00~269.99 m、最适水温为 12.00~12.99℃、最适盐度为 35.00~35.09[15]。樊伟等对太平洋大眼金枪鱼延绳钓渔获分布进行了研究,结果表明:太平洋大眼金枪鱼渔场最适月平均表层水温约为 28~29℃[16]。Chavance 通过对南太平洋的生产调查,结果表明 2004~2005 年,80%的大眼金枪鱼产量来自 250~380 m 水层,且对应的水温为17~19℃[17]。宋利明和高攀峰对印度洋马尔代夫海域大眼金枪鱼的捕获最适水层、水温、盐度范围进行了研究,结果表明:马尔代夫海域大眼金枪鱼渔获率最高的水层为70~90 m、水温为27.0~27.9℃、盐度为35.70~35.79[18]。宋利明等基于分位数回归的方法对大西洋中部公海大眼金枪鱼栖息环境综合指数进行了研究,应用分位数回归分析方法分别对有关水层(60 m为一层)及总渔获率与温度、盐度和相对流速等环境因素并考虑其不同的影响权重及交互作用建立了数值模型,根据该模型计算大眼金枪鱼的栖息环境综合指数,对大西洋中部大眼金枪鱼分布进行了预测[19]。朱国平和许柳雄对东太平洋金枪鱼延绳钓大眼金枪鱼渔场与表层温度之间的关系进行了研究,结果表明:海水表温基本上可以作为各月份形成渔场的适宜指标之一[20]。宋利明等对印度洋热带海域大眼金枪鱼上钩率与温跃层的关系进行了研究,结果表明:温跃层内的大眼金枪鱼渔获率小于温跃层以深的渔获率[21]。Song等对印度洋大眼金枪鱼环境偏好进行了研究,结果表明:该海域内,大眼金枪鱼最适宜栖息深度、温度和溶解氧浓度分别为240~279.9 m、12~13.9℃和2.00~2.99 mg/L[22]。

1.3 CPUE 标准化研究

对商业性生产数据进行标准化最早是从对渔船努力量的标准化开始的,主要是通过渔船的捕捞能力与标准船的捕捞努力量的效率比而对生产数据进行标准化,但是其未能很好地解决时空的交互效应,如月份、区域的交互影响等,对渔船努力量的标准化并不能很精确地估算标准的可捕率[23]。由于各种不同的资源群体相对资源量的变动等,使得每年的捕捞作业方式发生变化,导致对CPUE和总捕捞努力量的估计存在偏差,计算有效捕捞努力量则是对名义捕捞努力量进行标准化的方法之一[24]。

当前对CPUE数据进行标准化的统计模型有:广义线性模型[25](generalized linear models,GLM)、广义加性模型[26](generalized additive models,GAM)、神经网络[27](neural networks,NN)、回归树模型[28](regression trees models,RTM)和基于栖息地的模型(habitat-based model,HBM)[29,30]。

CPUE标准化模型中,GLM模型是最常用的,GLM模型为常规正态线性模型的直接推广。该模型通过各解释变量间的线性关系组合来表示CPUE,变量可以是分类变量或连续变量。Shono等应用GLM模型对印度洋1960~2000年日本延绳钓黄鳍金枪鱼CPUE进行了标准化[25]。使用了6个解释变量:年份、月份、区域、浮子间钓钩数、海表温度和南方涛动指数以及它们之间的交互作用。结果表明,黄鳍金枪鱼标准化后CPUE在20世纪60~70年代剧烈下降,以后趋于稳定。

广义加性模型(GAM)为广义线性模型非参数化的扩展,是一种非线性模型,它引入了平滑函数代替参数,使数据中的非线性关系,如双峰和不对称现象,很容易被发现,因而它比广义线性模型更灵活。Bigelow等应用GAM模型对太平洋的箭鱼和大青鲨的CPUE进行标准化[26]。

神经网络与GAM类似,也是一种描述CPUE与解释变量之间关系的模型,为CPUE和解释变量间提供了更灵活的关系。Maunder & Hinton应用神经网络来标准化1975~2000年的太平洋大眼金枪鱼CPUE数据,使用的解释变量为两个浮子间的钓钩数、月份、每40 m水层(40,120,200,280,360和400 m)的温度。使用月份作为一个分类变量,浮子间钓钩数和钓钩深度作为模型的组成部分。结果表明,神经网络的效果比 GLM 模型的效果更好[27]。

回归树模型在概念上与神经网络类似。Watters & Deriso 应用回归树模型对东太平洋大眼金枪鱼 CPUE 进行标准化,并认为回归树模型适于鉴定并提取解释变量间重要和复杂的交互关系[28]。

Hinton & Nakano 提出基于栖息地的标准化(HBS)模型[29]。栖息地模型主要使用延绳钓钓钩深度分布数据、鱼种的栖息地偏好和温度的空间分布数据等,基本前提条件是钓获鱼的钓获周围环境是该鱼种优先选择的栖息地。Bigelow 等应用基于栖息地的标准化(HBS)模型估计了太平洋大眼金枪鱼的有效捕捞努力量、建立了基于太平洋大眼金枪鱼 CPUE 的相对丰度指数[30]。Nishida 等也利用 GLM 和 HBM-GLM 模型对印度洋日本延绳钓黄鳍金枪鱼 CPUE 进行了标准化处理,同时也估计了其相对丰度指数[31]。在太平洋的蓝枪鱼[29]、太平洋的箭鱼[32]以及太平洋的条纹四鳍旗鱼[33]的资源评估中,有效捕捞努力量作为重要的参数。在计算针对各鱼种的有效捕捞努力量时,钓钩的实际作业深度和各鱼种的栖息地偏爱指数是重要的参数;但是,目前在计算有效捕捞努力量时使用的钓钩深度多是基于悬链线公式(理想状态)计算得到的钓钩深度、栖息地偏爱指数为大范围的"全球海洋环流模型(ocean general circulation model, OGCM)"数据和档案式标志放流得到的数据,估计有效捕捞努力量和对应有效 CPUE 的精度还有待提高,基于栖息地的标准化(HBS)模型的有效性还有待确定。因此,需要使用仪器(如微型温度深度计)来测量钓钩的实际深度,并且利用多种影响钓钩深度的环境因素,结合悬链线(理论)计算深度建立钓钩深度预测模型,得到较为精确的钓钩深度;同时收集海上实际调查数据来确定栖息地偏爱指数。本章通过建立"确定性栖息地模型(deterministic habitat-based standardization, detHBS)",分别应用钓钩的理论深度、拟合深度和各自对应的深度栖息地偏爱指数、温度栖息地偏爱指数(实测温度数据,OGCM 温度数据以及档案式标志放流数据),共 16 组数据计算大眼金枪鱼的有效捕捞努力量。分析比较其结果,以确定建立确定性栖息地模型(detHBS)的最佳数据,并分析确定性栖息地模型(detHBS)的有效性。

1.4　研究内容

1)根据钓钩理论深度(悬链线公式计算得到的钓钩深度)和钓钩拟合深度(利用实测的钓钩深度、影响钓钩深度的环境因素、悬链线计算深度建立的钓钩深度预测模型计算得到的钓钩深度),分析不同水层(理论深度、拟合深度和档案标志记录的深度分布数据)和温度段(实测温度、OGCM 温度和档案标志记录的温度分布数据)大眼金枪鱼的渔获率,估计大眼金枪鱼栖息地偏爱指数。

2)建立确定性栖息地模型,估计有效捕捞努力量和有效捕捞努力量对应的 CPUE(有效 CPUE)。

3)比较不同数据得到的结果,确定估计大眼金枪鱼有效捕捞努力量的最佳数据并分析确定性栖息地模型的有效性。

4)根据确定的估计大眼金枪鱼有效捕捞努力量的最佳数据,估计马绍尔群岛海域延绳钓各种渔具的捕捞效率、有效 CPUE 及其分布。

1.5　研究目的和意义

1.5.1　目的

1）基于不同的钓钩深度和栖息地偏爱指数估算方法，探索估计延绳钓有效捕捞努力量和渔获率的方法。

2）通过确定性栖息地模型，应用不同的环境数据、不同的栖息环境偏爱指数，估计马绍尔群岛海域延绳钓大眼金枪鱼的有效捕捞努力量和有效 CPUE。通过比较，确定估计马绍尔群岛海域延绳钓大眼金枪鱼的有效捕捞努力量和有效 CPUE 的最佳数据，并分析确定性栖息地模型的有效性。

3）通过建立确定性栖息地模型，对马绍尔群岛海域延绳钓各种渔具的捕捞效率、有效捕捞努力量、有效 CPUE 进行估计。

1.5.2　意义

1）为今后使用合适的环境因素和数据类型建立栖息地模型、提高有效捕捞努力量和标准化 CPUE 的估计精度提供参考。

2）为检验"确定性栖息地模型"CPUE 标准化方法的有效性提供依据。

3）为马绍尔群岛海域延绳钓渔具的改进提供参考。

2　材料和方法

本章主要分析过程如图 3－2－1 所示。数据来源主要有调查船钓获率数据、调查期间获取的作业参数、环境数据、OGCM 温度数据和档案标志放流数据，引用张禹（2008）[34] 钓钩

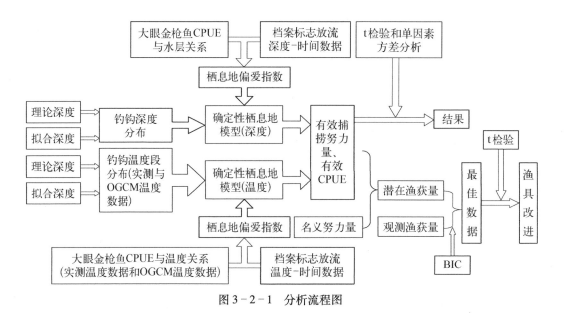

图 3－2－1　分析流程图

拟合深度计算模型,然后分析大眼金枪鱼的栖息地偏爱指数,建立"确定性栖息地模型";估计延绳钓有效捕捞努力量和有效 CPUE,然后使用 BIC 判断标准确定"确定性栖息地模型"的最佳数据;根据最佳数据分析结果,使用 t 检验方法检验传统渔具有效率和试验渔具有效率,提出渔具改进方案。

2.1　调查渔船

执行本次海上调查的渔船为深圳市联成远洋渔业有限公司所属的金枪鱼延绳钓渔船"深联成 719"(图 3 - 2 - 2)。船舶主要参数如下:总长 32.28 m,型宽 5.70 m,型深 2.60 m;总吨 97.00 t,净吨 34.00 t;主机功率 220.00 kW。渔船驾驶台在船中部,采取前甲板起绳、后甲板投绳。

图 3 - 2 - 2　"深联成 719"调查船

2.2　调查时间和海域

调查时间为 2006 年 10 月 27 日~2007 年 5 月 29 日;调查期间,实际作业天数为 69 天,调查范围为 3°00′N~12°30′N,163°00′E~177°30′E,具体站点见图 3 - 2 - 3。

2.3　调查的渔具与渔法

2.3.1　渔具结构

本次调查原船用钓具结构为:浮子直径为 360 mm;浮子绳直径为 4.2 mm,长 26 m;干线直径为 4.0 mm;支线第一段为直径 3 mm 的硬质聚丙烯,长 1.5 m 左右,第二段为 180#(直径为 1.8 mm)的单丝,长 18 m;第三段为 1.2 mm 的钢丝,长 0.5 m;第一段直接与第二段连接,无转环;第二段与第三段间用转环相连接;第三段直接与钓钩连接,全长 20 m。

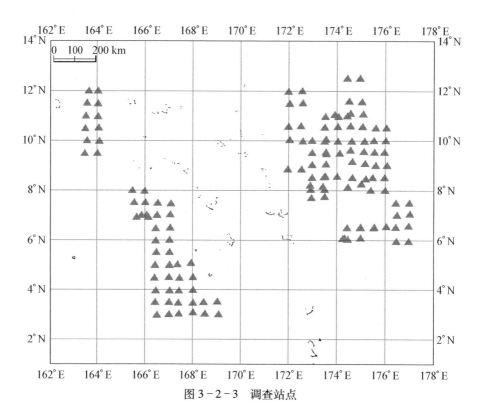

图 3-2-3 调查站点

试验用的支线装配,第一段与第二段用 3 种带铅转环连接,在钓钩上方加 2 种重量的重锤,在部分钓钩的上方装配塑料荧光管,其他与原船用钩一致。

2.3.2 渔法

调查期间,一般情况下,5:30~9:30 投绳,持续时间为 4 h 左右;16:00~22:00 起绳,持续时间为 6 h 左右;船长根据探捕调查站点位置决定当天投绳的位置。

船速为 8~9.5 节,出绳速度为 10~11.5 节,两浮子间的钓钩数为 25 枚,两钓钩间的时间间隔为 8 s。一般情况下每天投放钓钩 1 600 枚左右,其中原船用钓钩 1 000 枚,试验钓钩 400 枚,预防海龟误捕的钓钩 200 枚。

投放试验钓具时,靠近浮子的第 1 枚钓钩空缺,第 2 枚钓钩换成 4 种不同重量的水泥重锤(重量 2 kg、3 kg、4 kg 和 5 kg),其他参数不变。试验钓钩每种 50 枚,每次投放 8 种试验钓钩,重锤为 2 kg、3 kg 或 4 kg、5 kg,共 400 枚。船用渔具和试验渔具和渔法见图 3-2-4。

2.4 调查仪器

采用加拿大 RBR 公司的 XR-620 多功能水质仪(图 3-2-5a)和 TDR-2050 型微型温度深度计(图 3-2-5b,共 9 个)获取调查海域的海洋环境数据。多功能水质仪(XR-620)温度、电导率、溶解氧含量的测定量程分别为 -5~35℃、0~2 mS/cm、0~150%,精度分别为

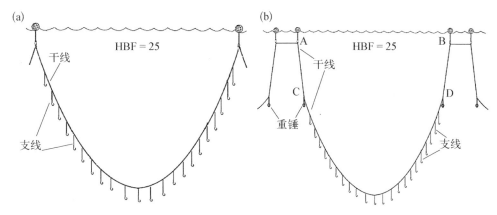

图 3 - 2 - 4　钓具结构及投放后在海水中的状态示意图

a 传统作业　b 试验作业　（浮子间钓钩数（HBF）均为 25 枚）

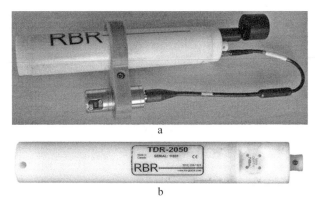

图 3 - 2 - 5　调查中使用的仪器

a 多功能水质仪　b 微型温度深度计

0.002℃、0.000 3 mS/cm、量程的 1%；微型温度深度计（TDR - 2050）用于测定钓钩实际深度以及该深度的水温，温度精度为 ±0.002℃。

2.5　调查的方法及内容

调查为定点调查，但实际调查的位置与计划位置存在一定的偏差。每天投绳结束后用多功能水质仪（XR - 620）测定一定深度的温度、盐度、叶绿素含量和溶解氧含量垂直变化曲线。由于风和流的影响，有时仪器只能下降到水深 250 m 左右，对于未被测量到的环境数据使用趋势线估算得到。每天投绳时将微型温度深度计（TDR - 2050）挂在钓钩上，以便测定数据。

另外还需要记录：每天的投绳位置和时间、投绳时的航速、航向、出绳速度、两浮子间的钓钩数、两钓钩间的时间间隔、钓钩数量、起绳时间、大眼金枪鱼的渔获尾数、抽样测定大眼金枪鱼的钓获钩号以及钓获时的位置。

2.6 OGCM 温度数据来源及处理

OGCM 温度数据来源于哥伦比亚大学,空间分辨率为 $1° \times 1.5°$。对 OGCM 温度数据进行预处理,应用内插法估计得出不同深度的温度数据,根据每次作业的时间和经纬度,查最接近该位置的 $1° \times 1.5°$ 不同深度的温度数据作为该次作业的不同深度的温度数据。

2.7 钓钩深度计算模型

本章中,钓钩深度直接应用张禹(2008)论文的计算模型[34],计算过程及结果如下。

2.7.1 理论深度计算公式

船上原来使用的渔具(传统钓具)的理论深度按照日本吉原有吉[35]的悬链线深度计算公式进行计算,即

$$D_j = h_a + h_b + l\left[\sqrt{1 + \cot^2\varphi_0} - \sqrt{\left(1 - \frac{2j}{n}\right)^2 + \cot^2\varphi_0}\right] \qquad (3-2-1)$$

$$L = V_2 \times n \times t \qquad (3-2-2)$$

$$l = \frac{V_1 \times n \times t}{2} \qquad (3-2-3)$$

$$k = \frac{L}{2l} = \frac{V_2}{V_1} = \cot\varphi_0 sh^{-1}(tg\,\varphi_0) \qquad (3-2-4)$$

式 3-2-1～式 3-2-4 中,D_j 为理论深度;h_a 为支线长;h_b 为浮子绳长;l 为干线弧长的一半;φ_0 为干线支承点上切线与水平面的交角,与 k 有关,作业中很难实测 φ_0,采用短缩率 k 来推出 φ_0;j 为 2 浮子之间自一侧计的钓钩编号序数,即钩号;n 为 2 浮子之间干线的分段数,即支线数加 1;L 为 2 浮子之间海面上的距离;V_2 为船速;t 为投绳时前后 2 支线之间相隔的时间间隔;V_1 为投绳机出绳速度。

试验作业渔具钓钩的理论深度要作相应的修正,具体方法如下。

试验作业中,重锤的重量改变了干线在水中的形状(如图 3-2-4b 所示),因此不能直接利用原悬链线公式计算得出的每枚钓钩的实际深度,要对重锤产生的影响进行修正。

本次调查中,未运用微型温度深度计测定挂重锤处的干线垂度的实际数据,选取印度洋调查[36]中取得的相应重量下的实际深度的算术平均值作为该重量下挂重锤处干线的垂度,计作:d_w;假设整个调查期间相同重量的重锤的下沉垂度相同,结果得出:随着重锤重量的加大,重锤的下沉垂度(d_w)增加,2 kg、3 kg、4 kg、5 kg 的重锤下沉垂度分别为 54.0 m、59.7 m、65.0 m、67.7 m。

把图 3-2-4b 中 C、D 两点之间的干线看作悬链线,从而得出每枚钓钩自挂重锤的干线处开始计算的垂度。假设 AC 和 BD 间干线均为直线,根据测到的该段干线在垂直方向上的分

量,得出其水平分量。然后得出该段 CD 两点间的直线距离 L',则钓钩深度计算公式可表达为

$$D'_j = h_a + h_b + d_w + l\left[\sqrt{1 + \cot^2\varphi'_0} - \sqrt{\left(1 - \frac{2j}{m}\right)^2 + \cot^2\varphi'_0}\,\right] \qquad (3-2-5)$$

$$L' = V_2(m + 4)t - 2\sqrt{(V_1 t)^2 - d_w^2} \qquad (3-2-6)$$

$$l = \frac{V_1 \times m \times t}{2} \qquad (3-2-7)$$

$$k' = \frac{L'}{2l} = \cot\varphi'_0 sh^{-1}(\mathrm{tg}\,\varphi'_0) \qquad (3-2-8)$$

式中, D'_j 表示试验作业时钓钩的深度(m); d_w 表示挂重锤处干线的垂度(m); L' 表示重锤间的水平距离(m), m 为 2 重锤之间干线的分段数,即支线数加 1; φ'_0 为挂重锤处干线支承点上切线与水平面的交角(°),其他同式 3-2-1~3-2-4。

2.7.2　拟合深度计算模型

（1）传统钓具的拟合深度公式

传统钓具拟合深度计算公式为

$$D'_f = (V_g^{-0.218} \times j^{-0.107} \times V_w^{0.251} \times 10^{-0.113}) \times D_t \qquad (3-2-9)$$

相关系数为 $R = 0.7158$(137 组),其中, D'_f 为钓钩的拟合深度、 V_g 为钓具的漂流速度(m/s)、 V_w 为风速(m/s)、 j 为钩号、 D_t 为理论深度(m)。

（2）试验钓具的拟合深度公式

试验钓具拟合深度的计算公式为

$$D'_f = (V_g^{-0.196} \times j^{-0.135} \times V_w^{0.208} \times 10^{-0.110}) \times D'_t \qquad (3-2-10)$$

相关系数为 $R = 0.6356$(413 组),其中, D'_f 为试验钓具的拟合深度、 V_g 为钓具的漂流速度(m/s)、 V_w 为风速(m/s)、 j 为钩号、 D'_t 为理论深度(m)。

2.8　钓钩分布

2.8.1　钓钩深度分布

本章中,为了分析大眼金枪鱼的垂直栖息地,将水深(0~600 m)分为 15 层,即每层 40 m。

分别根据理论深度和拟合深度计算模型,分析并且得出整个作业期间所有钓钩的理论深度和拟合深度,应用频率统计方法分别得出理论深度和拟合深度的钓钩分布频率。

2.8.2　钓钩在各温度段中的分布

其中将温度从 7℃~30℃,每 1℃ 为一段,共分为 23 段。

根据理论深度和拟合深度计算模型,得出作业期间所有钓钩的理论深度和拟合深度,然后根据多功能水质仪(XR-620)和微型温度深度计(TDR-2050)记录的深度-温度数据和

OGCM 深度-温度数据,查找出所有钓钩所对应的温度。应用频率统计的方法得出不同深度对应的温度段中的钓钩分布频率。

2.9 大眼金枪鱼渔获率分布

2.9.1 大眼金枪鱼不同水层渔获率计算

根据张禹(2008)的计算方法[34],利用悬链线钓钩深度计算公式(式3-2-1~式3-2-8)和拟合钓钩深度计算公式(式3-2-9~式3-2-10)对各水层大眼金枪鱼的渔获率进行分析,具体如下:

从 0 m 至 600 m,每 40 m 一层,共 15 层。各水层内的渔获尾数(N_{1c})为

$$N_{1c} = \frac{N_{S1c}}{N_S} \times N \qquad (3-2-11)$$

N_{S1c}: 整个调查期间作业海域各水层内大眼金枪鱼的取样尾数;N_S: 整个调查期间总取样尾数;N: 整个调查期间总渔获尾数。

各水层内的钓钩数(H_{T1c})为

$$H_{T1c} = \sum_{d=1}^{e} \left(\frac{H_{S1c}}{H_S} \times H \right) + \sum_{d=1}^{h} \left(\frac{H'_{S1c}}{H'_S} \times H' \right) \qquad (3-2-12)$$

H_{S1c}: 整个调查期间各水层内传统钓具取样钩数;H_S: 每天传统钓具总取样钩数;H: 每天传统钓具的总钩数;H'_{S1c}: 整个调查期间各水层内试验钓具取样钩数;H'_S: 每天试验钓具总取样钩数;H': 每天试验钓具的总钩数;d 为作业天数(传统钓具为 e 天,试验钓具为 h 天);再计算大眼金枪鱼各水层内的渔获率($CPUE_{1c}$)

$$CPUE_{1c} = \frac{N_{1c}}{H_{T1c}} \qquad (3-2-13)$$

计算结果如图 3-2-6 与图 3-2-7 所示。

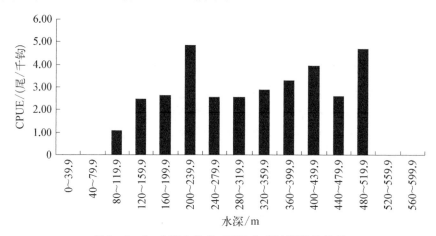

图 3-2-6 大眼金枪鱼 CPUE 与理论深度的关系

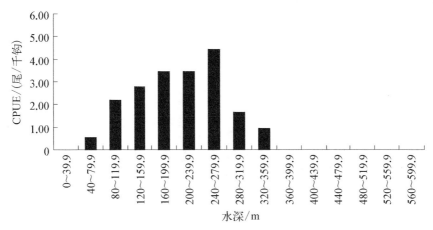

图 3-2-7　大眼金枪鱼 CPUE 与拟合深度的关系

2.9.2　大眼金枪鱼不同温度段渔获率计算

以悬链线钓钩深度计算公式(式 3-2-1~式 3-2-8)和拟合钓钩深度计算公式(式 3-2-9~式 3-2-10)计算得出的深度为引数,查当天实际测定的温度-深度变化曲线和 OGCM 温度数据得出各枚钓钩和钓获的大眼金枪鱼所处的温度,统计得出各温度段大眼金枪鱼的渔获率,具体方法如下:

从 7℃到 30℃,每 1℃为一层,共分为 23 个温度段。各温度段的渔获尾数(N_{2o})为

$$N_{2o} = \frac{N_{S2o}}{N_S} \times N \qquad (3-2-14)$$

N_{S2o}:整个调查期间作业海域各温度段大眼金枪鱼的取样尾数;N_S:整个调查期间总取样尾数;N:整个调查期间总渔获尾数。

各温度段的钓钩数(H_{T2o})为

$$H_{T2o} = \sum_{d=1}^{e} \left(\frac{H_{S2j}}{H_S} \times H \right) + \sum_{d=1}^{h} \left(\frac{H'_{S2o}}{H'_S} \times H' \right) \qquad (3-2-15)$$

H_{S2o}:整个调查期间各温度段内传统钓具取样钩数;H_S:每天传统钓具总取样钩数;H:每天传统钓具的总钩数;H'_{S2j}:整个调查期间各温度段内试验钓具取样钩数;H'_S:每天试验钓具总取样钩数;H':每天试验钓具的总钩数;d 为作业天数(船用钓具为 e 天,试验钓具为 h 天);再计算大眼金枪鱼各温度段内的渔获率($CPUE_{2o}$)

$$CPUE_{2o} = \frac{N_{2o}}{H_{T2o}} \qquad (3-2-16)$$

实测温度数据计算结果如图 3-2-8 与图 3-2-9 所示。

OGCM 温度数据计算结果如图 3-2-10 与图 3-2-11 所示。

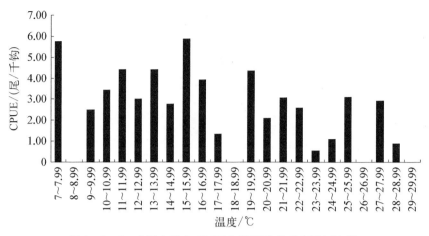

图 3-2-8　大眼金枪鱼 CPUE 与温度的关系（理论深度）

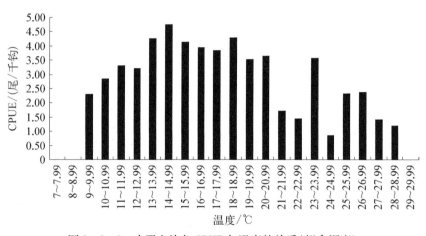

图 3-2-9　大眼金枪鱼 CPUE 与温度的关系（拟合深度）

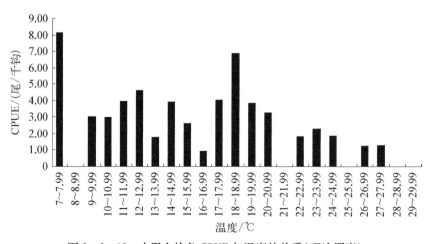

图 3-2-10　大眼金枪鱼 CPUE 与温度的关系（理论深度）

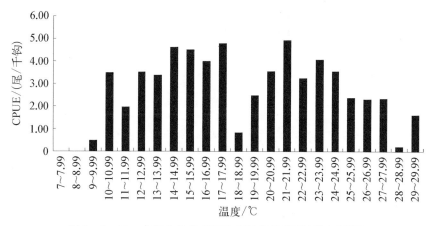

图 3-2-11　大眼金枪鱼 CPUE 与温度的关系(拟合深度)

2.10　大眼金枪鱼栖息地偏爱指数

2.10.1　大眼金枪鱼深度栖息地偏爱指数

根据 2.9.1 计算得到的大眼金枪鱼不同水层渔获率分布,来计算整个调查期间大眼金枪鱼的深度栖息地偏爱指数,即大眼金枪鱼在各个水层分布的百分比(概率)为

$$P_{1c} = \frac{CPUE_{1c}}{\sum CPUE_{1c}} \qquad (3-2-17)$$

式 3-2-17 中,P_{1c} 为根据各个水层中大眼金枪鱼的 CPUE 计算得出的大眼金枪鱼的深度栖息地偏爱指数。

另外根据档案标志数据[11]计算大眼金枪鱼的栖息地偏爱指数,即通过大眼金枪鱼在各个水层停留的时间来推算其深度偏爱栖息地指数为

$$P_{1c} = \frac{t_c}{\sum t_c} \qquad (3-2-18)$$

式 3-2-18 中,P_{1c} 为根据档案标志数据计算得出的大眼金枪鱼的深度栖息地偏爱指数。

2.10.2　大眼金枪鱼温度栖息地偏爱指数

根据 2.9.2 计算得到的大眼金枪鱼不同温度段(实测温度和 OGCM 温度)的渔获率分布,计算整个调查期间大眼金枪鱼的温度栖息地偏爱指数,即大眼金枪鱼在各个温度段分布的百分比(概率)为

$$P_{2o} = \frac{CPUE_{2o}}{\sum CPUE_{2o}} \qquad (3-2-19)$$

式 3-2-19 中,P_{2o} 为根据各个温度段中大眼金枪鱼的 CPUE 计算得出的大眼金枪鱼的温

度栖息地偏爱指数。

另外根据档案标志数据[30],计算大眼金枪鱼的栖息地偏爱指数,即通过大眼金枪鱼在各个温度段停留的时间来推算其温度偏爱指数为

$$P_{2o} = \frac{t_o}{\sum t_o} \qquad (3-2-20)$$

式 3-2-20 中,P_{2o} 为根据档案标志数据计算得出的大眼金枪鱼的温度栖息地偏爱指数。

2.11 大眼金枪鱼有效捕捞努力量的计算

捕捞努力量表示人们在某海区某海域,在一定期间内(年、月、日或鱼汛等)为捕捞某种资源群体所投入的捕捞规模大小或数量,它反映了被捕捞的资源群体捕捞死亡水平的高低[24]。而在延绳钓渔业中,捕捞努力量一般使用特定时间内投放的总钓钩数表示。

根据 Bigelow 等[30]提出的"确定性栖息地模型"计算有效捕捞努力量的方法,即有效捕捞努力量为特定海区特定时间,利用栖息地偏爱指数建立不同水层钓钩数的加权值。具体为

$$f_{pq} = E_{pq} \sum_r h_{pqr} p_{pqr} \qquad (3-2-21)$$

式中,f_{pq} 表示 q 时间内 p 海区的有效捕捞努力量,E_{pq} 为 q 时间内 p 海区的名义捕捞努力量,h_{pqr} 表示 q 时间内 p 海区的 r 水层的钓钩分布百分比;p_{pqr} 表示 q 时间内 p 海区在 r 水层内大眼金枪鱼的分布概率,也即深度栖息地偏爱指数。

根据高攀峰[37]计算每次作业的有效捕捞努力量的方法,即

$$f_u = E_u \sum_v h_{uv} p_v \qquad (3-2-22)$$

式 3-2-22 中,f_u 表示第 u 次作业的有效捕捞努力量,E_u 表示第 u 次作业的名义捕捞努力量;h_{uv} 表示第 u 次作业 v 水层内钓钩数的百分比;P_v 为整个调查期间大眼金枪鱼在不同水层的分布概率,即深度栖息地偏爱指数(式 3-2-17 和式 3-2-18)。

本章根据钓钩在各水层、各温度段中的分布来计算有效捕捞努力量,可以将 Bigelow 等[30]的确定性栖息地模型变换为

$$f_x = E_x \sum_y h_{xy} p_y \qquad (3-2-23)$$

式中,f_x 表示第 x 次作业的有效捕捞努力量,E_x 表示第 x 次作业的名义捕捞努力量,h_{xy} 表示第 x 次作业 y 水层、温度段内钓钩数的百分比,p_y 表示整个调查期间大眼金枪鱼在 y 水层、温度段的分布概率,即深度、温度栖息地偏爱指数(式 3-2-19 和式 3-2-20)。

本章分别应用钓钩的理论深度、拟合深度和各自对应的深度栖息地偏爱指数(包括应用钓钩的理论深度、拟合深度分析得出的各水层中大眼金枪鱼的 CPUE 和档案标志深度-时间数据估算得出的深度栖息地偏爱指数)、温度栖息地偏爱指数[包括应用钓钩的理论深度、拟

合深度分析得出的各温度段中大眼金枪鱼的 CPUE(包括实测温度数据和 OGCM 温度数据)和档案标志温度-时间数据估算得出的温度栖息地偏爱指数]共 16 组数据(表 3 - 2 - 1)来计算大眼金枪鱼的有效捕捞努力量。

表 3 - 2 - 1　确定性栖息地模型所用数据

数据		钓钩深度	栖息地偏爱指数
深度栖息地偏爱指数	Ⅰ	理论深度	深度偏爱指数(理论深度)
	Ⅱ	理论深度	深度偏爱指数(拟合深度)
	Ⅲ	理论深度	深度偏爱指数(档案标志)
	Ⅳ	拟合深度	深度偏爱指数(理论深度)
	Ⅴ	拟合深度	深度偏爱指数(拟合深度)
	Ⅵ	拟合深度	深度偏爱指数(档案标志)
温度栖息地偏爱指数(实测温度数据和档案标志放流数据)	Ⅶ	理论深度	温度偏爱指数(理论深度)
	Ⅷ	理论深度	温度偏爱指数(拟合深度)
	Ⅸ	理论深度	温度偏爱指数(档案标志)
	Ⅹ	拟合深度	温度偏爱指数(理论深度)
	Ⅺ	拟合深度	温度偏爱指数(拟合深度)
	Ⅻ	拟合深度	温度偏爱指数(档案标志)
温度栖息地偏爱指数(OGCM 温度数据)	ⅩⅢ	理论深度	温度偏爱指数(理论深度)
	ⅩⅣ	理论深度	温度偏爱指数(拟合深度)
	ⅩⅤ	拟合深度	温度偏爱指数(理论深度)
	ⅩⅥ	拟合深度	温度偏爱指数(拟合深度)

2.12　有效率计算

本章中,将有效捕捞努力量与名义捕捞努力量的比值作为捕捞努力量的有效率,计算公式为

$$m_x = \frac{f_x}{E_x} \times 100\% \qquad (3-2-24)$$

式中,m_x 为应用深度栖息地偏爱指数或温度栖息地偏爱指数计算得出的大眼金枪鱼捕捞努力量的有效率。

2.13　CPUE 的计算

名义 CPUE 的计算公式为

$$CPUE_\alpha = \frac{N_x}{E_x} \times 1\,000 \qquad (3-2-25)$$

式中,$CPUE_\alpha$ 为名义 CPUE,N_x 为第 x 次作业的大眼金枪鱼渔获尾数。

有效 CPUE 的计算方法[38]为

$$CPUE_\beta = \frac{N_x}{f_x} \times 1\,000 \qquad (3-2-26)$$

式中, $CPUE_\beta$ 为有效 CPUE, N_x 为第 x 次作业的大眼金枪鱼渔获尾数。

2.14 CPUE 相对指数

本章为了比较名义 CPUE 和有效 CPUE,将两者进行规格化,分别得到名义 CPUE 指数和有效 CPUE 指数,即

$$RI_z = \frac{CPUE_z}{\dfrac{1}{\gamma}\displaystyle\sum_{z=1}^{\gamma} CPUE_z} \qquad (3-2-27)$$

式中, RI_z 为 CPUE 相对指数。

2.15 计算结果比较

应用成对双样本均值分析 t 检验方法,来检验同一组数据计算的传统渔具和试验渔具的有效捕捞努力量与名义捕捞努力量之间以及两组之间有效率的差异是否存在显著性。

应用单因素方差分析方法来检验同一组数据计算的不同重量重锤的试验渔具间有效率的差异是否存在显著性。

应用成对双样本均值分析的 t 检验方法来检验同一组数据计算的名义 CPUE 与应用不同的栖息地偏爱指数数据计算出的有效 CPUE 之间有无显著性差异。

应用成对双样本均值分析的 t 检验方法来检验同一组数据计算的名义 CPUE 指数与应用不同的栖息地偏爱指数数据计算出的有效 CPUE 指数之间有无显著性差异。

2.16 实测温度数据和 OGCM 温度数据计算结果比较

应用成对双样本均值分析 t 检验方法,分别检验Ⅶ组数据和ⅩⅢ组数据、Ⅷ组数据和ⅩⅣ组数据、Ⅹ组数据和ⅩⅤ组数据、Ⅺ组数据和ⅩⅥ组数据之间的总有效捕捞努力量、传统渔具有效捕捞努力量、试验渔具有效捕捞努力量之间是否存在显著性差异。

2.17 判断最佳数据方法

本章中为了确定"确定性栖息地模型"的最佳数据,使用 BIC 判断标准[38],具体如下:

$$L = \prod_i \frac{1}{\sqrt{2\pi}\,\sigma} \exp\left[-\frac{(\ln(C_i + \delta) - \hat{U})^2}{2\sigma^2} \right] \qquad (3-2-28)$$

$$\sigma = \sqrt{\frac{\sum_i (\ln(C_i + \delta) - \hat{U})^2}{n}} \qquad (3-2-29)$$

$$BIC = -\ln L(C \mid \tilde{\lambda}) - (-\ln L(C \mid \lambda)) - \frac{\ln(n)}{2} \qquad (3-2-30)$$

式中，C_i 为 i 次观测的渔获量，对于名义捕捞努力量对应的渔获量使用观测到的渔获量，对于有效捕捞努力量对应的渔获量为有效 CPUE 与名义捕捞努力量乘积；δ 为常数，一般取所有渔获量平均数的 10%；λ 为 i 次观测的名义捕捞努力量，$\tilde{\lambda}$ 为 i 次观测的有效捕捞努力量，n 为观测次数，σ 为标准差。

在计算名义捕捞努力量对应的负对数似然值时，使用观测到的渔获量计算得到负对数似然值；在计算有效捕捞努力量对应的负对数似然值时，使用有效 CPUE 与名义捕捞努力量乘积作为潜在渔获量，然后根据潜在渔获量计算得到负对数似然值。最后使用 BIC 进行判断，对于不同的有效捕捞努力量，BIC 值较小的一组数据为确定性栖息地模型的最佳数据。

3　结　　果

3.1　钓钩分布

3.1.1　钓钩在各水层中的分布

根据理论深度计算公式和拟合深度计算公式分别推算出调查期间投放的所有钓钩在各水层中的分布（图 3-3-1、图 3-3-2）。

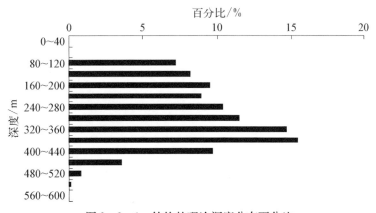

图 3-3-1　钓钩的理论深度分布百分比

整个调查期间，由图 3-3-1 可知，钓钩的理论深度分布范围为 80~560 m，其中 80~120 m 占 7.2%，120~160 m 占 8.2%，160~200 m 占 9.5%，200~240 m 占 8.9%，240~280 m 占 10.4%，280~320 m 占 11.5%，320~360 m 占 14.6%，360~400 m 占 15.4%，400~440 m 占 9.7%，440~480 m 占 3.6%，480~520 m 占 0.8%，520~560 m 占 0.11%；大部分钓钩分布在 80~440 m 水深范围，约占 95.5%。

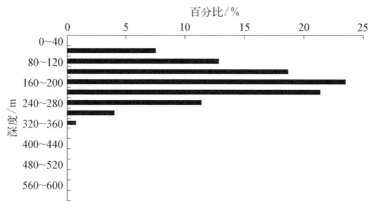

图 3-3-2　钓钩的拟合深度分布百分比

由图 3-3-2 可知,钓钩的拟合深度分布范围为 40~360 m,其中 40~80 m 占 7.5%,80~120 m 占 12.8%,120~160 m 占 18.6%,160~200 m 占 23.5%,200~240 m 占 21.3%,240~280 m 占 11.5%,280~320 m 占 4.1%,320~360 m 占 0.7%;大部分钓钩分布在 80~280 m 水深范围,约占 87.7%。

3.1.2　钓钩在各温度段中的分布

（1）实测温度数据结果

在整个调查期间,由图 3-3-3 所示,钓钩（理论深度）所处的温度范围为 8~29℃,其中温度范围为 9~9.99℃,钓钩所占比例最高为 27.83%,钓钩为 29 781 枚。其次为 8~8.99℃和 10~10.99℃,钓钩所占比例依次为 18.18% 和 14.78%,钓钩分别为 19 460 和 15 820 枚。

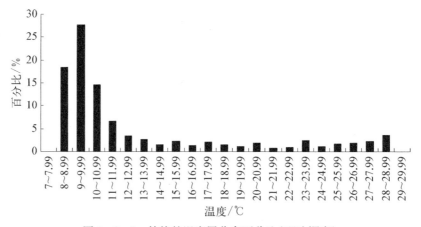

图 3-3-3　钓钩的温度层分布百分比（理论深度）

由图 3-3-4 所示,钓钩（拟合深度）所处的温度范围为 9~29.99℃,其中温度范围为 10~10.99℃,钓钩所占比例最高为 15.5%,钓钩数为 18 575 枚。其次为 11~11.99℃和 12~12.99℃,钓钩所占比例为 14.4% 和 8.6%,钓钩数分别为 17 216 和 10 311 枚。

（2）OGCM 温度数据结果

由图 3-3-5 所示,钓钩（理论深度）所处的温度范围为 8~29.9℃,其中温度范围为 9~

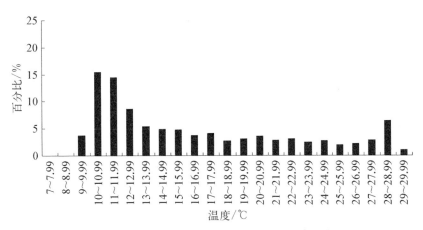

图 3-3-4　钓钩的温度层分布百分比(拟合深度)

9.99℃,钓钩所占比例最高,为 34.56%,钓钩数为 36 978 枚。其次为 8~8.99℃ 和 10~10.99℃,钓钩所占比例依次为 15.50% 和 14.59%,钓钩数分别为 16 586 和 15 611 枚。

由图 3-3-6 所示,钓钩(拟合深度)所处的温度范围为 9~29.99℃,其中温度范围为

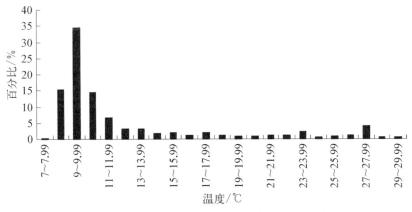

图 3-3-5　钓钩的温度层分布百分比(理论深度)

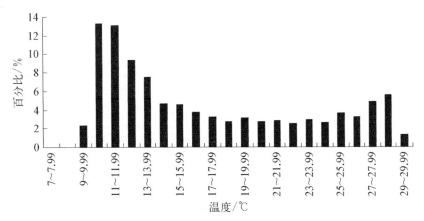

图 3-3-6　钓钩的温度层分布百分比(拟合深度)

10~10.99℃,钓钩所占比例最高,为 13.25%,钓钩数为 14 174 枚。其次为 11~11.99℃和 12~12.99℃,钓钩所占比例为 13.11% 和 9.34%,钓钩数分别为 14 030 和 9 998 枚。

3.2 栖息地偏爱指数

3.2.1 深度栖息地偏爱指数

根据整个调查期间不同水层内的大眼金枪鱼 CPUE,计算得出大眼金枪鱼在各个水层的分布概率,即定义为大眼金枪鱼深度栖息地偏爱指数。图 3-3-7 为大眼金枪鱼深度栖息地偏爱指数(理论深度),大眼金枪鱼在 200~239.9 m 的分布概率最高,为 14.48%。图 3-3-8 为大眼金枪鱼深度栖息地偏爱指数(拟合深度),大眼金枪鱼在 240~279.9 m 的分布概率最高,为22.84%。

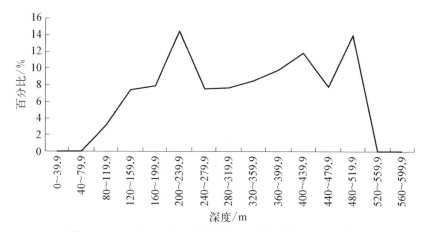

图 3-3-7　大眼金枪鱼深度栖息地偏爱指数(理论深度)

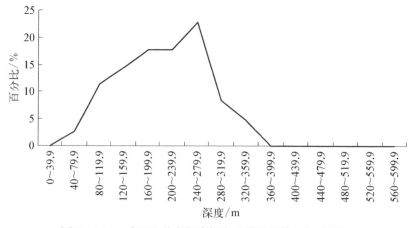

图 3-3-8　大眼金枪鱼深度栖息地偏爱指数(拟合深度)

根据 Musyl[12] 等在夏威夷群岛附近的档案标志放流研究结果计算得到大眼金枪鱼深度栖息地偏爱指数(档案标志)(图 3-3-9),大眼金枪鱼在深度为 400~440 m 的分布概率最高,为 16.95%。

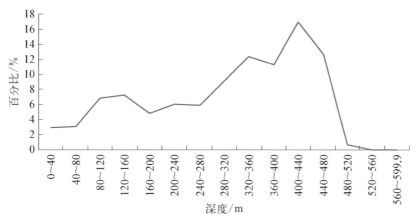

图 3-3-9 大眼金枪鱼深度栖息地偏爱指数(档案标志)

3.2.2 温度栖息地偏爱指数

根据整个调查期间不同温度段的大眼金枪鱼 CPUE,计算得出大眼金枪鱼在各个温度段的分布概率,即定义为大眼金枪鱼温度栖息地偏爱指数。

(1)实测温度数据结果

图 3-3-10 为大眼金枪鱼温度栖息地偏爱指数(理论深度),大眼金枪鱼在 15~15.99℃的范围内,分布概率最高,为 10.12%。图 3-3-11 为大眼金枪鱼温度栖息地偏爱指数(拟合深度),大眼金枪鱼在 14~14.99℃的范围内分布概率最高,为 8.03%。

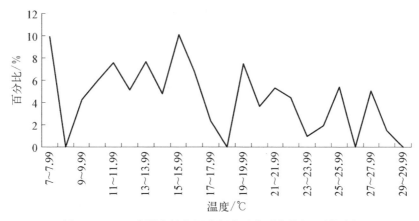

图 3-3-10 大眼金枪鱼温度栖息地偏爱指数(理论深度)

(2)OGCM 温度数据结果

图 3-3-12 为大眼金枪鱼温度栖息地偏爱指数(理论深度),大眼金枪鱼在 7~7.99℃的范围内,分布概率最高,为 13.93%。图 3-3-13 为大眼金枪鱼温度栖息地偏爱指数(拟合深度),大眼金枪鱼在 21~21.99℃的范围内分布概率最高,为 7.93%。

根据 Bigelow 等研究的塔希提岛附近档案标志数据[30],计算得到大眼金枪鱼温度栖息地偏爱指数(图 3-3-14),大眼金枪鱼在温度 8~8.99℃的范围内分布概率最高,为 18.44%。

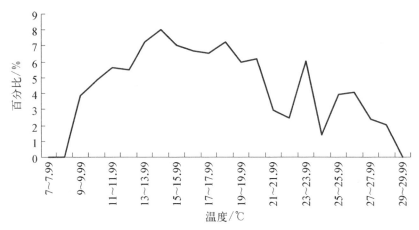

图 3 - 3 - 11　大眼金枪鱼温度栖息地偏爱指数(拟合深度)

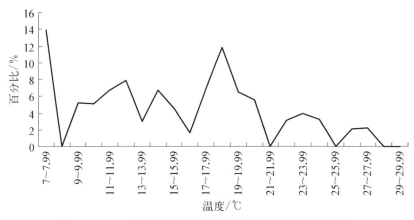

图 3 - 3 - 12　大眼金枪鱼温度栖息地偏爱指数(理论深度)

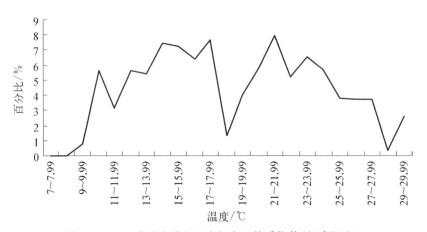

图 3 - 3 - 13　大眼金枪鱼温度栖息地偏爱指数(拟合深度)

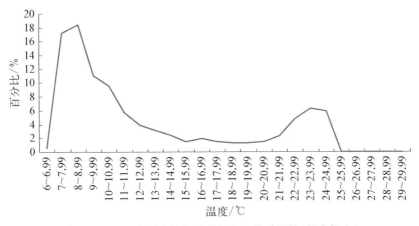

图 3 - 3 - 14 大眼金枪鱼温度栖息地偏爱指数(档案标志)

3.3 有效捕捞努力量

3.3.1 总有效捕捞努力量

在整个调查期间,总名义捕捞努力量为 107 019 枚,如图 3 - 3 - 15 所示。确定性栖息地模型计算结果如图 3 - 3 - 16 所示,V 组数据[钓钩拟合深度和深度栖息地偏爱指数(拟合深度)作为输入量]得到的总有效捕捞努力量最高,为 16 353 枚,有效率为 15.28%;XIV 组数据得到的总有效捕捞努力量最低,为 3 038 枚,有效率为 2.84%(表 3 - 3 - 1)。由此得出,应用 e 组数据计算得出的总有效捕捞努力量最高。

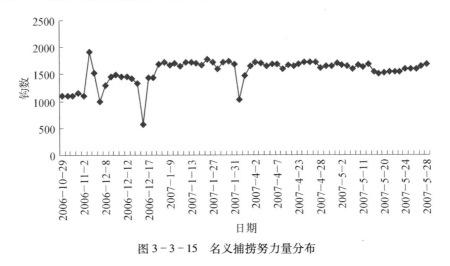

图 3 - 3 - 15 名义捕捞努力量分布

3.3.2 传统钓具和试验钓具的有效捕捞努力量及有效率

传统钓具和试验钓具及总计的名义捕捞努力量、有效捕捞努力量和有效率见表 3 - 3 - 1。由表 3 - 3 - 1 可得:传统钓具钩数为 80 274 枚,试验钓具钩数为 26 745 枚。V 组数据计算

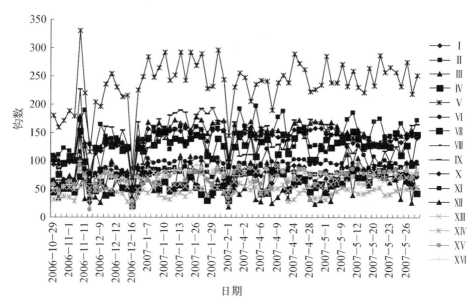

图 3-3-16　确定性栖息地模型计算得出的有效捕捞努力量

得出传统钓具有效努力量最高(为 11 887 枚,有效率为 14.81%),试验钓具有效捕捞努力量也是最高(为 4 466 枚,有效率为 16.70%)。ⅩⅣ组数据计算得出的传统钓具和试验钓具有效捕捞努力量均最低,分别为 2 454 枚和 584 枚,有效率分别为 3.06% 和 2.19%。

表 3-3-1　名义、有效捕捞努力量和有效率

数据	总计			传统钓具			试验钓具		
	名义捕捞努力量	有效捕捞努力量	有效率	名义捕捞努力量	有效捕捞努力量	有效率	名义捕捞努力量	有效捕捞努力量	有效率
Ⅰ	107 019	9 445	8.83	80 274	6 901	8.60	26 745	2 544	9.51
Ⅱ	107 019	9 964	9.31	80 274	7 968	9.93	26 745	1 995	7.46
Ⅲ	107 019	10 056	9.40	80 274	7 351	9.16	26 745	2 704	10.11
Ⅳ	107 019	8 519	7.96	80 274	6 028	7.51	26 745	2 491	9.31
Ⅴ	107 019	16 353	15.28	80 274	11 887	14.81	26 745	4 466	16.70
Ⅵ	107 019	6 466	6.04	80 274	4 763	5.93	26 745	1 702	6.37
Ⅶ	107 019	4 192	3.92	80 274	3 132	3.90	26 745	1 060	3.96
Ⅷ	107 019	4 093	3.82	80 274	3 061	3.81	26 745	1 032	3.86
Ⅸ	107 019	9 544	8.92	80 274	7 172	8.93	26 745	2 372	8.87
Ⅹ	107 019	5 364	5.01	80 274	3 868	4.82	26 745	1 496	5.59
Ⅺ	107 019	5 398	5.04	80 274	3 940	4.91	26 745	1 458	5.45
Ⅻ	107 019	4 225	3.95	80 274	2 839	3.54	26 745	1 386	5.18
ⅩⅢ	107 019	4 503	4.21	80 274	3 472	4.32	26 745	1 031	3.86
ⅩⅣ	107 019	3 038	2.84	80 274	2 454	3.06	26 745	584	2.19
ⅩⅤ	107 019	4 904	4.58	80 274	3 484	4.33	26 745	1 420	5.31
ⅩⅥ	107 019	5 127	4.79	80 274	3 783	4.71	26 745	1 346	5.03

　　应用成对双样本均值分析 t 检验方法,来检验每种钓具内、每组数据计算得出的有效捕捞努力量与名义捕捞努力量之间是否存在显著性差异。结果表明,二者之间存在显著性差

异(见附录附表 3 - 1)。应用成对双样本均值分析 t 检验方法,检验传统钓具和试验钓具间有效率是否存在显著性差异(见附录附表 3 - 2)。结果表明,试验钓具的有效率基本上高于传统钓具的有效率(Ⅱ组数据、Ⅸ组数据、Ⅻ组数据和ⅪⅤ组数据除外)。

3.3.3　不同重量的重锤对有效捕捞努力量的影响

试验钓具中,2 kg、3 kg、4 kg 和 5 kg 重锤试验钓钩,投放的总钩数依次为 6 685 枚、6 668 枚、6 684 枚和 6 708 枚。其中 2 kg 的最高有效努力量为 1 110 枚、3 kg 的最高有效努力量为 1 109 枚、4 kg 的最高有效努力量为 1 118 枚和 5 kg 的最高有效努力量为 1 128 枚;对应的有效率分别为 16.61%、16.64%、16.72% 和 16.82%(见表 3 - 3 - 2)。对于每一组数据结果,应用单因素方差分析方法,检验不同重量的重锤钓具之间有效率是否存在显著性差异。结果表明,四种重锤钓具之间无差异(见附录附表 3 - 3)。

表 3 - 3 - 2　不同重锤的名义捕捞努力量、有效捕捞努力量和有效率

项　目	2 kg			3 kg		
	名义捕捞努力量	有效捕捞努力量	有效率	名义捕捞努力量	有效捕捞努力量	有效率
Ⅰ	6 685	633	9.48	6 668	635	9.52
Ⅱ	6 685	494	7.39	6 668	491	7.36
Ⅲ	6 685	677	10.12	6 668	677	10.16
Ⅳ	6 685	616	9.21	6 668	620	9.30
Ⅴ	6 685	1 110	16.61	6 668	1 109	16.64
Ⅵ	6 685	428	6.40	6 668	427	6.40
Ⅶ	6 685	265	3.97	6 668	264	3.97
Ⅷ	6 685	258	3.86	6 668	257	3.86
Ⅸ	6 685	593	8.86	6 668	591	8.86
Ⅹ	6 685	372	5.57	6 668	374	5.61
Ⅺ	6 685	363	5.43	6 668	361	5.42
Ⅻ	6 685	343	5.14	6 668	345	5.17
ⅩⅢ	6 685	253	3.79	6 668	256	3.84
ⅩⅣ	6 685	149	2.22	6 668	144	2.16
ⅩⅤ	6 685	352	5.27	6 668	352	5.28
ⅩⅥ	6 685	334	5.00	6 668	337	5.05

项　目	4 kg			5 kg		
	名义捕捞努力量	有效捕捞努力量	有效率	名义捕捞努力量	有效捕捞努力量	有效率
Ⅰ	6 684	635	9.51	6 708	640	9.54
Ⅱ	6 684	502	7.52	6 708	508	7.57
Ⅲ	6 684	674	10.09	6 708	676	10.08
Ⅳ	6 684	625	9.34	6 708	631	9.41
Ⅴ	6 684	1 118	16.72	6 708	1 128	16.82
Ⅵ	6 684	425	6.35	6 708	423	6.31
Ⅶ	6 684	265	3.97	6 708	266	3.96
Ⅷ	6 684	258	3.86	6 708	258	3.85

（续表）

项　目	4 kg			5 kg		
	名义捕捞努力量	有效捕捞努力量	有效率	名义捕捞努力量	有效捕捞努力量	有效率
Ⅸ	6 684	457	6.83	6 708	596	8.88
Ⅹ	6 684	376	5.62	6 708	374	5.57
Ⅺ	6 684	364	5.45	6 708	369	5.50
Ⅻ	6 684	348	5.21	6 708	350	5.21
ⅩⅢ	6 684	261	3.90	6 708	261	3.89
ⅩⅣ	6 684	144	2.15	6 708	148	2.21
ⅩⅤ	6 684	356	5.32	6 708	360	5.37
ⅩⅥ	6 684	336	5.02	6 708	339	5.05

3.4　名义 CPUE 与有效 CPUE 的比较

整个调查期间的名义 CPUE 如图 3－3－17 所示，根据 16 组数据得出的有效 CPUE，见图 3－3－18 所示。对于每一组数据结果，使用成对双样本均值 T 检验来检验有效 CPUE 与名义 CPUE 的差异。t 检验结果显示，16 组数据的有效 CPUE 与名义 CPUE 均存在极显著性差异（$P<0.001$），表明有效 CPUE 均大于名义 CPUE（见附录附表 3－4）。

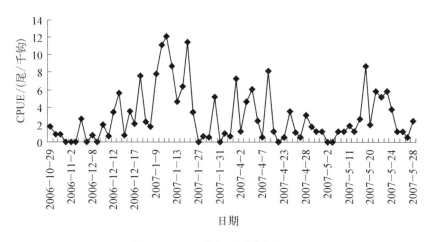

图 3－3－17　各调查站点的名义 CPUE

3.5　CPUE 相对指数

比较名义 CPUE 指数和有效 CPUE 指数二者时间序列的变化趋势。由图 3－3－19 得，所有的有效 CPUE 指数和名义 CPUE 指数趋势完全相同。应用成对双样本均值分析的 t 检验方法，检验名义 CPUE 指数与所有的 16 种有效 CPUE 指数间是否存在显著性差异，结果表明均不存在显著性差异（见附录附表 3－5）。

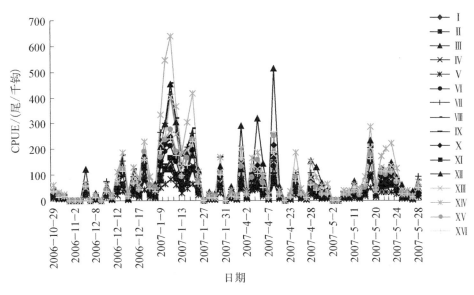

图 3 - 3 - 18　各调查站点的有效 CPUE

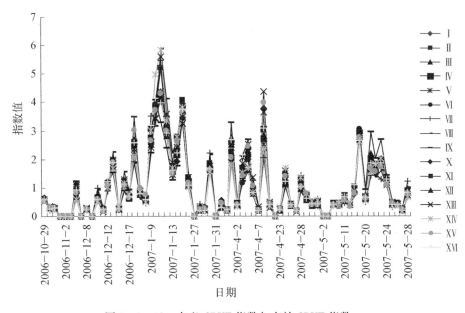

图 3 - 3 - 19　名义 CPUE 指数与有效 CPUE 指数

3.6　利用 OGCM 温度数据与实测温度数据分析结果对比

应用成对双样本均值分析 t 检验方法,分别检验Ⅶ组数据和ⅩⅢ组数据、Ⅷ组数据和ⅩⅣ组数据、Ⅹ组数据和ⅩⅤ组数据、Ⅺ组数据和ⅩⅥ组数据之间的总有效捕捞努力量之间是否存在差异、传统钓具有效捕捞努力量之间是否存在差异,试验钓具有效捕捞努力量之间是否存在差异(表 3 - 3 - 3)。结果表明:除了Ⅶ组数据和ⅩⅢ组数据的试验钓具有效捕捞努力量不存在差异,其他所有数据之间的总有效捕捞努力量、传统钓具捕捞努力量和试验钓具有效捕捞努力量之间均存在差异（见附录附表3－6）。

表3－3－3　4对数据差异性检验结果

	总有效捕捞努力量	传统钓具有效捕捞努力量	试验钓具有效捕捞努力量
Ⅶ组与ⅩⅢ组	有差异	有差异	无差异
Ⅷ组与ⅩⅣ组	有差异	有差异	有差异
Ⅹ组与ⅩⅤ组	有差异	有差异	有差异
Ⅺ组与ⅩⅥ组	有差异	有差异	有差异

3.7　估计有效捕捞努力量最佳数据的确定

计算有效捕捞努力量的负对数似然值和名义捕捞努力量的负对数似然值,使用 BIC 进行判断,结果表明,Ⅶ组数据的 BIC 值为-2.63,Ⅷ组数据的 BIC 值为-2.56,Ⅴ组数据的 BIC 值为-2.45(见图3－3－20)。

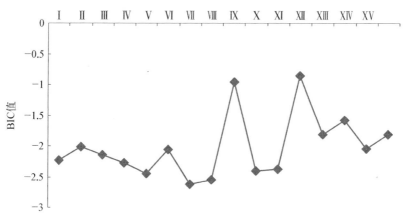

图3－3－20　不同标准化捕捞努力量的 BIC 值

3.8　应用最佳数据的分析结果

利用Ⅴ组数据来分析马绍尔群岛海域延绳钓有效捕捞努力量和有效率,结果表明:整个调查期间,总名义捕捞努力量为 107 019 枚,总有效捕捞努力量为 16 353 枚,有效率为 15.28%;传统钓具名义捕捞努力量为 80 274 枚,有效捕捞努力量为 11 887 枚,有效率为 14.81%;试验钓具名义捕捞努力量为 26 745 枚,有效捕捞努力量为 4 466 枚,有效率为 16.70%(图3－3－21a～c,图3－3－22)。

试验钓具中,挂 2、3、4、5 kg 重锤的钓具捕捞努力量如图3－3－21d～g,对应的名义捕捞努力量分别为 6 685、6 668、6 684、6 708 枚,对应的有效捕捞努力量为 1 110、1 109、1 118、1 128 枚,有效率分别为 16.60%、16.63%、16.73%和 16.82%(图3－3－23)。对于四种重锤,每次投放的钓钩数基本不变,对应的有效捕捞努力量几乎相等,因此四种重锤的有效率几乎相等。

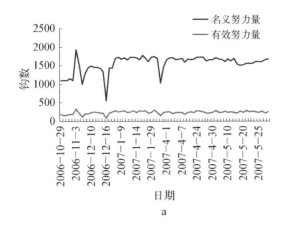

a

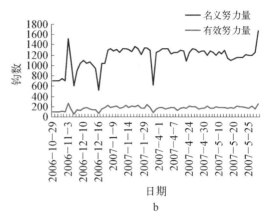

b

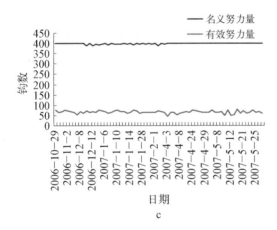

c

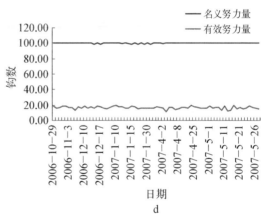

d

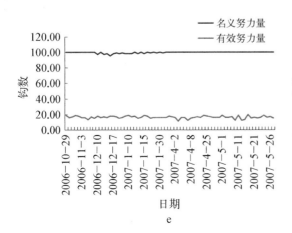

e

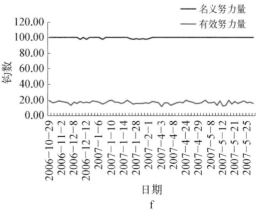

f

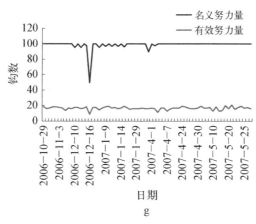

图 3-3-21　名义捕捞努力量和有效捕捞努力量

a 总计　b 传统作业　c 实验作业　d 2 kg　e 3 kg　f 4 kg　g 5 kg

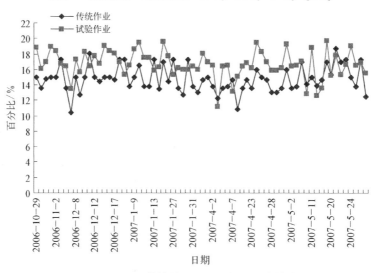

图 3-3-22　传统钓具和试验钓具的有效率

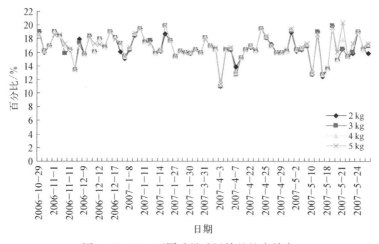

图 3-3-23　不同重量重锤钓具的有效率

4　讨　论

4.1　有效捕捞努力量

在金枪鱼类资源评估中,有效捕捞努力量是一项重要的参数,可用来估计资源的相对丰度。应用不同的数据将得出不同的有效捕捞努力量值,试验钓具的有效率基本上高于传统钓具的有效率,4 种重量重锤钓具之间的有效率无差异,试验钓具可提高捕捞效率,重锤重量的增加对钓具有效率(捕捞效率)的提高效果不明显。这表明为了提高有效捕捞努力量(有效 CPUE)的计算精度,一定要选择最佳数据来计算有效捕捞努力量。

4.2　栖息地偏爱指数的选择

本章使用了不同的栖息地偏爱指数作为模型的输入,但是不同方法得到的栖息地偏爱指数存在着很大的差别。使用理论深度得到的深度偏爱指数,由于理论深度是延绳钓钓具在理想状态下计算得到的,但是实际上延绳钓钓钩深度受到多种因素的影响,钓钩的实际深度不可能达到理论深度[39]。所以使用理论深度计算得到的深度偏爱指数存在着很大的不确定性,波动也最大。拟合深度基于海上的实测钓钩深度,钓钩深度的计算精度得到了提高,更符合实际。根据拟合深度得出的各水层和各温度段的 CPUE 估计得出的深度偏爱指数、温度偏爱指数的可靠性比理论深度结果的可靠性高,而使用档案标志放流数据推断出的深度偏爱指数和温度偏爱指数是基于单尾鱼在特定海区特定时间内的行为得出,其特殊性较大,不能够很好地反映整体情况。深度栖息地偏爱指数和温度栖息地偏爱指数波动较大,其原因可能是由于大眼金枪鱼的生理特性,其为了取暖和吸氧,在白天要在表层和 500 m 之间每 1 小时来回 1 次造成的[40-42]。综合比较得知,根据拟合深度得出的各水层 CPUE 估计得出的深度偏爱指数最为可靠。

4.3　温度数据的选择

对于 OGCM 温度数据和实测温度数据,由于 OGCM 温度数据是通过全球环流模型获得的,特别是不同深度的温度数据存在较大的误差,而且分辨率为 1°×1.5°。而实测温度数据是使用仪器采集的现场数据,能够精确地反映当时的温度,比 OGCM 温度数据更为精确。根据本文使用实测温度数据和 OGCM 温度数据的计算结果,也表明两者之间存在差异;说明实测温度数据计算的结果比 OGCM 温度数据计算的结果更为精确。因此,建议以后选择温度数据时,尽可能地选择实测温度数据来估算大眼金枪鱼的温度偏爱指数。

4.4　确定性栖息地模型的输入数据

本章使用的确定性栖息地模型,只要栖息地偏爱指数和钓钩的分布百分比确定后,有效捕捞努力量也是确定的,栖息地偏爱指数的假设是否符合实际情况,将直接影响到有效捕捞努力量的估计精度;而钓钩分布百分比则是基于不同的钓钩深度计算方法得到的,计算得到的钓钩深度是否符合实际钓钩深度,也会直接影响有效捕捞努力量的估计精度。栖息地偏爱指数和钓钩分布是确定性栖息地模型的两个关键因子。通过本研究得出:Ⅶ组数据(理论深度作为钓钩的深度、根据理论深度得出的 CPUE 估计得出的温度偏爱指数)的 BIC 值最低为−2.63、Ⅷ组数据(理论深度作为钓钩的深度、根据拟合深度得出的 CPUE 估计得出的温度偏爱指数)BIC 值为−2.56、Ⅴ组数据(拟合深度作为钓钩的深度、根据拟合深度得出的 CPUE 估计得出的深度偏爱指数)BIC 值为−2.45。但是理论深度计算存在着不确定性[18,43-44],用理论深度进行分析的结果也会存在不确定性,故排除Ⅶ组数据和Ⅷ组数据,选择Ⅴ组数据(拟合深度作为钓钩的深度、根据拟合深度得出的 CPUE 估计得出的深度偏爱指数)作为确定性栖息地模型的输入,确定性栖息地模型得出的有效 CPUE 可能最为可靠,能够较好地反映资源丰度的变化趋势。建议在今后的研究中把拟合深度作为钓钩的深度、根据拟合深度得出的 CPUE 估计得出的深度偏爱指数作为确定性栖息地模型首选的输入,但具体可根据实际所掌握的数据,尽量选择图 3-3-20 中 BIC 较小的数据作为输入。

4.5 确定性栖息地模型的有效性

本章使用了不同的钓钩深度分布和栖息地偏爱指数,利用确定性栖息地模型得到不同的结果,比较了应用 16 组数据得出的结果。对于名义 CPUE 指数和有效 CPUE 指数,二者时间序列的变化趋势相同(不存在显著性差异),其原因可能是本研究所用的数据为 7 个月左右同一艘调查船的调查数据,钓具和海洋环境变化不大。因此,认为在短时期内,钓具结构、海洋环境没有发生较大的变化时,名义 CPUE 变化趋势与利用确定性栖息地模型得到的有效 CPUE 变化趋势是相同的,即确定性栖息地模型是有效的。对于较长时间序列的数据(几十年左右),由于钓具结构、海洋环境发生了较大的变化,名义 CPUE 变化趋势势必与有效 CPUE 变化趋势有所不同,此时,确定性栖息地模型的效果将更为明显,能更好地反映出资源丰度指数的变化趋势。

4.6 钓具的改进方案

本章中,对于Ⅴ组数据,使用有效捕捞努力量来比较两种钓具捕捞大眼金枪鱼的效率,并对两者之间的差异进行检验。结果表明试验钓具的有效率高于传统钓具的有效率。原因可能在于试验钓具钓钩的深度大于传统钓具钓钩的深度,使试验钓具钓钩的深度达到大眼金枪鱼优先选择的栖息地,以便能有效地捕获较深处的目标渔获,提高大眼金枪鱼的产量。所以,在实际生产过程中,可以推广试验钓具进行生产,提高大眼金枪鱼的产量,从而提高渔船的经济效益。

分析结果表明,试验作业使用重锤可以使钓钩总体到达的深度增加,有效捕捞努力量明显提高,随之钓具的捕捞效率也会提高。但是在实际作业中,由于水泥块的密度较小,体积较大,在海水中的重量只有在空气中重量的一半左右,而且水泥块在水中的阻力较大,不利于海上实际生产,常常导致起绳时干线受到的张力过大、受力过度导致干线断裂,严重影响了海上正常作业。因此,需要寻找一种替代水泥块的重锤。铅块比较适合,原因在于铅块密度大于水泥块,体积可相应地缩小,这样在水中的阻力变小,生产时容易操作,减少意外事故发生。因此,建议使用铅块替代水泥块。

姜文新[45]进行不同重锤钓具的性能研究结果表明:3 kg、5 kg 水泥块由于重量的增加,使得干线在水中达到的深度明显大于 1、2 kg 水泥块的深度,所以选择使用重量比较大的重锤可以明显地提高延绳钓钓具的有效捕捞努力量。但是本章的研究结果显示,无论哪种重锤对于有效捕捞努力量的影响无显著性差异,与姜文新研究结果存在差异。故本章使用 t 检验方法,来检验不同重量重锤之间的有效率是否存在明显的差异,结果表明不存在明显的差异。本章的研究结果与高攀峰的研究结果[37]基本一致。本章中所用的拟合深度计算模型中,2 kg、3 kg、4 kg 和 5 kg 的重锤下降垂度分别为 54.0 m、59.7 m、65.0 m 和 67.7 m,差值最大为 13.7 m,四种重锤的试验钓钩深度相差不大。但是本章中深度的分层为 40 m 一层,所以对于四种重锤的试验钓钩来说,很难区分四种重锤试验钓钩的深度分布,导致不同重量重锤钓具之间的有效率差异不明显。所以,为了方便实际生产,减少起绳作业时重锤受到的水阻力,减少干线的断裂次数,减少因干线断裂而引起作业时间的增加,提高作业效率,建议使用 1 kg 铅制重锤。

4.7 今后的研究方向

4.7.1 关于钓钩深度分布

在整个模型中,钓钩深度计算是最关键的,其决定着整个延绳钓钓钩所到达的环境数据的估计精度。本章中引用的钓钩拟合深度计算模型,是通过微型温度深度计(TDR - 2050)实测深度作为模型的自变量回归得出的。微型温度深度计(TDR - 2050)实测深度计算的方法,直接决定模型计算拟合深度的精度。张禹[34]的钓钩拟合深度计算模型中的微型温度深度计(TDR - 2050)实测深度计算方法为:实测深度是对钓钩处于一定的稳定期内求得的所有深度的算术平均值。这种计算方法存在着一定的误差,有待于进一步改进实测深度计算方法。此外,在实际投放仪器中,微型温度深度计(TDR - 2050)是直接挂在支线上面,每个微型温度深度计(TDR - 2050)的水中重量大约为 150 g,可能会由于本身所受重力和自身形状受到海流的冲击,造成测定的钓钩的深度存在一定的误差。应当考虑使用新的数据处理方法处理微型温度深度计(TDR - 2050)实测的深度,得到更为精确的实测深度,以便能更好地反映出钓钩在水中的深度分布情况。

对于张禹[34]的钓钩拟合深度计算模型,由于实际调查中没有采集到不同深度的 3 维海流数据,会对钓钩深度计算造成一定的误差,所以应当收集更多影响钓钩深度的环境因素,包括不同深度的 3 维海流数据,应用数值模拟计算的方法把不同深度的 3 维海流数据作为输入,计算得出钓钩深度,并对不同的深度计算方法得出的钓钩深度进行比较,确定最为精确的钓钩深度计算方法,提高钓钩深度计算精度。

4.7.2 栖息地偏爱指数的选择

Bigelow 在计算有效捕捞努力量时,将 P_{pqr} 定义为 q 时间 p 海区 r 深度层的大眼金枪鱼深度分布概率[30]。P_{pqr}是温度栖息地偏爱指数和溶解氧偏爱指数的联合概率函数。而本章中,用到的深度偏爱指数则是根据整个调查期间大眼金枪鱼各水层的 CPUE 估计得到的,即大眼金枪鱼在垂直分布上的百分比。另外温度栖息地偏爱指数则是使用大眼金枪鱼各温度段的 CPUE 估计得到的,即大眼金枪鱼在不同温度段的分布百分比来计算的。这两种计算假设均需要在以后的研究中进一步证实。此外还要综合考虑到其他影响大眼金枪鱼分布的环境因素,如溶解氧、叶绿素、盐度、海流和饵料生物分布等因子,来作为影响大眼金枪鱼栖息地选择的参数,采取合适的数据处理方法应用到模型当中,以便更好地确定大眼金枪鱼栖息地偏爱指数。

5 结 论

本章采用"马绍尔群岛海域金枪鱼延绳钓捕捞技术研究"项目的数据,利用确定性栖息地模型,分析了不同方法得出的钓钩深度、不同栖息地偏爱指数得到的马绍尔群岛海域延绳钓有效捕捞努力量和有效 CPUE。同时应用统计的方法,选择出最佳的数据来估计大眼金枪鱼有效捕捞努力量,提出了针对性的渔具改进方案。主要结论如下:

1)所有数据分析结果表明:有效捕捞努力量均小于名义捕捞努力量。

2)拟合深度作为钓钩的深度、根据拟合深度得出的分水层 CPUE 估计得出的深度偏爱指数作为确定性栖息地模型的输入,得出的结果最可靠。

3)所有数据分析结果表明:有效 CPUE 均大于名义 CPUE,有效 CPUE 指数变化趋势与名义 CPUE 指数变化趋势无差异。

4)确定性栖息地模型是有效的,能更好地反映出资源丰度指数的变化趋势。

5)所有数据分析结果表明:试验渔具中,不同重量重锤渔具的有效率无差异。

6)建议使用实测的温度数据,作为确定性栖息地模型的首选输入。

7)对于确定的最佳数据,使用有效捕捞努力量分析不同作业渔具捕捞大眼金枪鱼的效率,试验渔具优于传统渔具,建议在生产中推广。

8)对于确定的最佳数据,通过对试验渔具四种重锤有效率的分析,提出了钓具改进方案:重锤可以使钓钩的总体深度加深,有效捕捞努力量明显地提高,捕捞效率也会提高,建议在生产中使用 1.5 kg 重的铅块,这样既提高了钓具的捕捞效率,又减少了起绳作业时干线发生断裂的次数。

参 考 文 献

[1] 戴小杰,许柳雄.世界金枪鱼渔业渔获物种原色图鉴[M].北京:海洋出版社.2007.

[2] 许柳雄.中国金枪鱼渔业现状及发展空间探讨[C]//黄锡昌.中国水产捕捞学术研讨会论文集(四).上海,2001:1-6.

[3] Western and central pacific fisheries commission. Tuna Fishery Yearbook 2007[R]. 2008:147-156.

[4] 黄金玲,黄硕琳.发展我国中西太平洋金枪鱼渔业的探讨[J].中国渔业经济.2004,4:53-54.

[5] DAI X J, TANG Y, XU L X. China tuna fisheries in the western and central pacific ocean 2007[R]. WCPFC-SC4-AR PART 1/WP-4. 2008:1-6.

[6] HUMBERTO H, KARIM E. Essential Fish habitat and spatial prediction of swordfish (*Xiphias gladius*) catches in the

south Atlantic[R]. ICCAT. SCRS/2006/128：1－19.

[7]　HANAMOTO E. Effect of oceanographic environment on bigeye tuna distribution[J]. Bull. Jap. Soc. Fish. Oceanogr, 1987, 51(3)：203－216.

[8]　DAGORN L, BACH P, JOSSE E. Movement patterns of large bigeye tuna (*Thunnus obesus*) in the open ocean, determined using ultrasonic telemetry[J]. Marine Biology, 2000, 136：361－371.

[9]　叶振江,梁振林,邢智良等.金枪鱼延绳钓不同位置钓钩渔获效率的研究[J].青岛海洋大学学报.2001,31(5)：707－712.

[10]　SCHAEFER K M, FULLER D W. Movements, behavior, and habitat selection of bigeye tuna (*Thunnus obesus*) in the eastern equatorial Pacific, ascertained through archival tags[J]. Fish. Bull., 2002, 100：765－788.

[11]　BERTRAND A, BARD F X, JOSSE E. Tuna food habits related to the micronekton distribution in French Polynesia[J]. Marine Biology, 2002, 140：1023－1037.

[12]　MUSYL M K, BRILL R W, BOGGS C H, et al. Vertical movements of bigeye tuna (*Thunnus obesus*) associated with islands, buoys, and seamounts near the main Hawaiian Islands from archival tagging data[J]. Fish Oceanogr, 2003, 12 (3)：152－169.

[13]　冯波,许柳雄,田思泉.印度洋大眼金枪鱼延绳钓适宜渔获环境的初步研究[J].海洋渔业,2004,26(3)：161－166.

[14]　冯波,许柳雄.基于 GIS 的印度洋大眼金枪鱼延绳钓钓获率与水温关系的研究[J].湛江海洋大学学报,2004,24 (6)：18－23.

[15]　宋利明,陈新军,许柳雄.大西洋中部大眼金枪鱼垂直分布与温度、盐度的关系[J].中国水产科学,2004,11(6)：561－566.

[16]　樊伟,崔雪森,周甦芳.太平洋大眼金枪鱼延绳钓渔获分布及渔场环境浅析[J].海洋渔业,2004,26(4)：261－265.

[17]　CHAVANCE P. Depth, temperature, and capture time of longline targeted fish in New Caledonia：Results of a one year study[R]. WCPFC－SC1 FT IP－3. 2005：1－6.

[18]　宋利明,高攀峰.马尔代夫海域延绳钓渔场大眼金枪鱼的钓获水层、水温和盐度[J].水产学报,2006,30(3)：335－340.

[19]　宋利明,高攀峰,周应祺,等.基于分位数回归的大西洋中部公海大眼金枪鱼(*Thunnus obesus*)栖息环境综合指数 [J].水产学报,2007,31(6)：798－804.

[20]　朱国平,许柳雄.东太平洋金枪鱼延绳钓大眼金枪鱼渔场与表层温度之间的关系[J].海洋环境科学,2007,26(4)：333－336.

[21]　宋利明,张禹,周应祺.印度洋公海温跃层与黄鳍金枪鱼和大眼金枪鱼渔获率的关系[J].水产学报,2008,32(3)：369－378.

[22]　SONG L M, ZHOU J, ZHOU Y Q, et al. Environmental preferences of bigeye tuna, *Thunnus obesus*, in the Indian Ocean：an application to a longline fishery[J]. Environmental Biology of Fishes, 2009, 85：153－171.

[23]　田思泉.西北太平洋柔鱼资源评价及其与海洋环境关系的研究[D].上海：上海水产大学,2006：22－23.

[24]　詹秉义.渔业资源评估[M].北京：中国农业出版社,1995：67－69,59－60.

[25]　SHONO H, OKAMOTO H O, NISHIDA T. Standardized CPUE for yellowfin tuna (*Thunnus albacares*) of the japanese longline fishery in the indian ocean by generalized linear models (GLM) (1960－2000)[R]. IOTC Proceedings no. 5, 2002：240－247.

[26]　BIGELOW K A, BOGGS C H, HE X. Environmental effects on swordfish and blue shark catch rates in the US North Pacific longline fishery[J]. Fish Oceanography, 1999, 8(3)：178~198.

[27]　MAUNDER M N, HINTON M G. Estimating relative abundance from catch and effort data, using neural networks. Special Report[J]. Inter-Amer. Trop. Tuna Comm, 2006, 15：1－22.

[28]　WATTERS G, DERISO R. Catch per unit of effort of bigeye tuna：a new analysis with regression trees and simulated annealing[J]. Bull. Inter-Amer. Trop. Tuna Comm, 2000, 21(8)：527－571.

[29]　HINTON M G, NAKANO H. Standardizing catch and effort statistics using physiological, ecological, or behavioral constraints and environmental data, with an application to blue marlin (*Makaira nigricans*) catch and effort data from

Japanese longline fisheries in the Pacific[J]. Bull Inter-Amer Trop Tuna Comm, 1996, 21(4): 169 – 200.

[30] BIGELOW K A, HAMPTON J, MIYABE N. Application of a habitat-based model to estimate effective longline fishing effort and relative abundance of Pacific bigeye tuna (*Thunnus obesus*)[J]. Fish Oceanogr, 2002, 11(3): 143 – 155.

[31] NISHIDA T, BIGELOW K, MOHRI M, et al. Comparative study on J apanese tuna longline CPUE standardization of yellowfin tuna (*Thunnus albacares*) in the Indian Ocean based on two methods: -general linear model(GLM) and habitat-based model(HBM)/GLM Combined- (1958 – 2001)[R]. WPTT – 03 – 05. IOTC Proceedings no. 6, 2003: 48 – 69.

[32] HINTON M G, DERISO R. Distribution and stock assessment of swordfish, *Xiphias gladius*, in the eastern Pacfic Ocean from catch and effort data standized on biolohical and environmental parameters[R]//Barrett I, Sosa-Nishizaki O, Bartoo N. Biology and Fisheries of Swordfish, Xiphias gladius. Papers from the International Symposium on Pacific Swordfish, Ensenada, Mexico, 11 – 14 December 1994. NOAA Tech. Rep. NMFS142: 161 – 179.

[33] HINTON M G, MAUNDER M N, UOZUMI Y. 2001 Status of Striped Marlin, Tetrapturus audax, Stocks of the Eastern-Central Pacific[R]. 3rd International Billfish Symposium, Cairns, Australia, 19 – 23 August, 2001.

[34] 张禹.马绍尔群岛海域大眼金枪鱼栖息环境综合指数[D].上海：上海海洋大学,2008.

[35] 斉藤昭二.マグロの遊泳層と延縄漁法[M].東京：成山堂書屋,1992: 9 – 10.

[36] 上海海洋大学.2006年印度洋公海冷海水金枪鱼延绳钓探捕报告[R].2006.

[37] 高攀峰.印度洋金枪鱼延绳钓捕捞效率研究[D].上海：上海水产大学,2007.

[38] MAUNDER M N, HINTON M G, BIGELOW K A, et al. Statistical comparisons of habitat standardized effort and nominal effort[R]. SCTB15 – MWG – 7, 2002: 1 – 18.

[39] SONG L M, ZHOU J, GAO P F, et al. Modeling the hook depth of tuna longline in the tropical areas of the Indian Ocean [R]. IOTC – 2007 – WPTT – 13: 1 – 19.

[40] HOLLAND K, BRILL R, CHANG R K C. Horizontal and vertical movements of yellowfin tuna (*Thunnus albacares*) and bigeye tuna (*Thunnus obesus*) associated with fish aggregating devices[J]. Fish Bull, 1990, 88: 493 – 507.

[41] HOLLAND K N, BRILL R W, CHANG R K C, et al. Physiological and behavioral thermoregulation in bigeye tuna (*Thunnus obesus*)[J]. Nature, 1992, 358: 410 – 412.

[42] BRILL R W. A review of temperature and oxygen tolerance studies of tunas pertinent to fisheries oceanography, movement models and stock assessments[J]. Fish Oceanogr, 1994, 3: 204 – 216.

[43] MIZUNO K, OKAZAKI M, NAKANO H, et al. Estimation of underwater shape of tuna longlines with micro-bathythermographs[J]. Int. Am. Trop. Tuna Commun. Spec. Rep. 1999, 10: 35.

[44] STEVE B, ELTON R, DAVID ITANO. Trial setting of deep longline techniques to reduce bycatch and increase targeting of deep-swimming tunas[R]. 2004 SCTB/FTWG – WP – 7a.

[45] 姜文新.印度洋金枪鱼捕捞技术研究[D].上海：上海水产大学,2006.

附　录

附表 3 - 1　名义捕捞努力量和有效捕捞努力量间差异的 t 检验

I 组数据结果

传 统 作 业	名义捕捞努力量	有效捕捞努力量	试 验 作 业	名义捕捞努力量	有效捕捞努力量
平均	1 163.391	100.021	平均	387.609	36.868
方差	48 270.359	436.005	方差	4 008.859	38.709
观测值	69.000	69.000	观测值	69.000	69.000
Pearson 相关系数	0.967		Pearson 相关系数	0.965	
假设平均差	0.000		假设平均差	0.000	
df	68.000		df	68.000	
t 检验	44.256		t 检验	50.817	
P(T<=t) 单尾	0.000		P(T<=t) 单尾	0.000	
t 单尾临界	1.668		t 单尾临界	1.668	
P(T<=t) 双尾	0.000		P(T<=t) 双尾	0.000	
t 双尾临界	1.995		t 双尾临界	1.995	

II 组数据结果

传 统 作 业	名义捕捞努力量	有效捕捞努力量	试 验 作 业	名义捕捞努力量	有效捕捞努力量
平均	1 163.391	115.483	平均	387.609	28.919
方差	48 270.359	549.515	方差	4 008.859	44.284
观测值	69.000	69.000	观测值	69.000	69.000
Pearson 相关系数	0.797		Pearson 相关系数	0.717	
假设平均差	0.000		假设平均差	0.000	
df	68.000		df	68.000	
t 检验	43.194		t 检验	50.735	
P(T<=t) 单尾	0.000		P(T<=t) 单尾	0.000	
t 单尾临界	1.668		t 单尾临界	1.668	
P(T<=t) 双尾	0.000		P(T<=t) 双尾	0.000	
t 双尾临界	1.995		t 双尾临界	1.995	

Ⅲ组数据结果

传 统 作 业	名义捕捞努力量	有效捕捞努力量	试 验 作 业	名义捕捞努力量	有效捕捞努力量
平均	1 163.391	106.539	平均	387.609	39.194
方差	48 270.359	561.847	方差	4 008.859	57.144
观测值	69.000	69.000	观测值	69.000	69.000
Pearson 相关系数	0.930		Pearson 相关系数	0.841	
假设平均差	0.000		假设平均差	0.000	
df	68.000		df	68.000	
t 检验	44.369		t 检验	50.680	
$P(T<=t)$ 单尾	0.000		$P(T<=t)$ 单尾	0.000	
t 单尾临界	1.668		t 单尾临界	1.668	
$P(T<=t)$ 双尾	0.000		$P(T<=t)$ 双尾	0.000	
t 双尾临界	1.995		t 双尾临界	1.995	

Ⅳ组数据结果

传 统 作 业	名义捕捞努力量	有效捕捞努力量	试 验 作 业	名义捕捞努力量	有效捕捞努力量
平均	1 163.391	87.361	平均	387.609	36.105
方差	48 270.359	487.891	方差	4 008.859	50.477
观测值	69.000	69.000	观测值	69.000	69.000
Pearson 相关系数	0.754		Pearson 相关系数	0.826	
假设平均差	0.000		假设平均差	0.000	
df	68.000		df	68.000	
t 检验	43.906		t 检验	50.702	
$P(T<=t)$ 单尾	0.000		$P(T<=t)$ 单尾	0.000	
t 单尾临界	1.668		t 单尾临界	1.668	
$P(T<=t)$ 双尾	0.000		$P(T<=t)$ 双尾	0.000	
t 双尾临界	1.995		t 双尾临界	1.995	

Ⅴ组数据结果

传 统 作 业	名义捕捞努力量	有效捕捞努力量	试 验 作 业	名义捕捞努力量	有效捕捞努力量
平均	1 163.391	172.274	平均	393.309	65.677
方差	48 270.359	1 534.199	方差	1 793.321	94.312
观测值	69.000	69.000	观测值	68.000	68.000
Pearson 相关系数	0.867		Pearson 相关系数	0.707	
假设平均差	0.000		假设平均差	0.000	
df	68.000		df	67.000	
t 检验	44.082		t 检验	74.750	
$P(T<=t)$ 单尾	0.000		$P(T<=t)$ 单尾	0.000	
t 单尾临界	1.668		t 单尾临界	1.668	
$P(T<=t)$ 双尾	0.000		$P(T<=t)$ 双尾	0.000	
t 双尾临界	1.995		t 双尾临界	1.996	

VI组数据结果

传 统 作 业	名义捕捞努力量	有效捕捞努力量	试 验 作 业	名义捕捞努力量	有效捕捞努力量
平均	1 163.391	69.031	平均	387.609	24.674
方差	48 270.359	207.501	方差	4 008.859	23.259
观测值	69.000	69.000	观测值	69.000	69.000
Pearson 相关系数	0.908		Pearson 相关系数	0.841	
假设平均差	0.000		假设平均差	0.000	
df	68.000		df	68.000	
t 检验	43.977		t 检验	50.823	
$P(T<=t)$ 单尾	0.000		$P(T<=t)$ 单尾	0.000	
t 单尾临界	1.668		t 单尾临界	1.668	
$P(T<=t)$ 双尾	0.000		$P(T<=t)$ 双尾	0.000	
t 双尾临界	1.995		t 双尾临界	1.995	

VII组数据结果

传 统 作 业	名义捕捞努力量	有效捕捞努力量	试 验 作 业	名义捕捞努力量	有效捕捞努力量
平均	1 163.391	45.392	平均	387.609	15.368
方差	48 270.359	145.771	方差	4 008.859	18.683
观测值	69.000	69.000	观测值	69.000	69.000
Pearson 相关系数	0.520		Pearson 相关系数	0.590	
假设平均差	0.000		假设平均差	0.000	
df	68.000		df	68.000	
t 检验	43.463		t 检验	50.801	
$P(T<=t)$ 单尾	0.000		$P(T<=t)$ 单尾	0.000	
t 单尾临界	1.668		t 单尾临界	1.668	
$P(T<=t)$ 双尾	0.000		$P(T<=t)$ 双尾	0.000	
t 双尾临界	1.995		t 双尾临界	1.995	

VIII组数据结果

传 统 作 业	名义捕捞努力量	有效捕捞努力量	试 验 作 业	名义捕捞努力量	有效捕捞努力量
平均	1 163.391	44.362	平均	387.609	14.950
方差	48 270.359	134.767	方差	4 008.859	15.750
观测值	69.000	69.000	观测值	69.000	69.000
Pearson 相关系数	0.604		Pearson 相关系数	0.632	
假设平均差	0.000		假设平均差	0.000	
df	68.000		df	68.000	
t 检验	43.661		t 检验	50.842	
$P(T<=t)$ 单尾	0.000		$P(T<=t)$ 单尾	0.000	
t 单尾临界	1.668		t 单尾临界	1.668	
$P(T<=t)$ 双尾	0.000		$P(T<=t)$ 双尾	0.000	
t 双尾临界	1.995		t 双尾临界	1.995	

IX 组数据结果

传 统 作 业	名义捕捞努力量	有效捕捞努力量	试 验 作 业	名义捕捞努力量	有效捕捞努力量
平均	1 163.391	103.941	平均	387.609	34.378
方差	48 270.359	840.343	方差	4 008.859	72.103
观测值	69.000	69.000	观测值	69.000	69.000
Pearson 相关系数	0.728		Pearson 相关系数	0.637	
假设平均差	0.000		假设平均差	0.000	
df	68.000		df	68.000	
t 检验	44.089		t 检验	50.352	
$P(T<=t)$ 单尾	0.000		$P(T<=t)$ 单尾	0.000	
t 单尾临界	1.668		t 单尾临界	1.668	
$P(T<=t)$ 双尾	0.000		$P(T<=t)$ 双尾	0.000	
t 双尾临界	1.995		t 双尾临界	1.995	

X 组数据结果

传 统 作 业	名义捕捞努力量	有效捕捞努力量	试 验 作 业	名义捕捞努力量	有效捕捞努力量
平均	1 163.391	56.063	平均	387.609	21.677
方差	48 270.359	176.867	方差	4 008.859	18.119
观测值	69.000	69.000	观测值	69.000	69.000
Pearson 相关系数	0.730		Pearson 相关系数	0.829	
假设平均差	0.000		假设平均差	0.000	
df	68.000		df	68.000	
t 检验	43.759		t 检验	50.803	
$P(T<=t)$ 单尾	0.000		$P(T<=t)$ 单尾	0.000	
t 单尾临界	1.668		t 单尾临界	1.668	
$P(T<=t)$ 双尾	0.000		$P(T<=t)$ 双尾	0.000	
t 双尾临界	1.995		t 双尾临界	1.995	

XI 组数据结果

传 统 作 业	名义捕捞努力量	有效捕捞努力量	试 验 作 业	名义捕捞努力量	有效捕捞努力量
平均	1 163.391	57.107	平均	387.609	21.124
方差	48 270.359	127.670	方差	4 008.859	15.300
观测值	69.000	69.000	观测值	69.000	69.000
Pearson 相关系数	0.900		Pearson 相关系数	0.887	
假设平均差	0.000		假设平均差	0.000	
df	68.000		df	68.000	
t 检验	43.844		t 检验	50.846	
$P(T<=t)$ 单尾	0.000		$P(T<=t)$ 单尾	0.000	
t 单尾临界	1.668		t 单尾临界	1.668	
$P(T<=t)$ 双尾	0.000		$P(T<=t)$ 双尾	0.000	
t 双尾临界	1.995		t 双尾临界	1.995	

XII组数据结果

传 统 作 业	名义捕捞努力量	有效捕捞努力量	试 验 作 业	名义捕捞努力量	有效捕捞努力量
平均	1 551.000	61.238	平均	387.609	20.089
方差	52 825.824	768.532	方差	4 008.859	64.075
观测值	69.000	69.000	观测值	69.000	69.000
Pearson 相关系数	0.240		Pearson 相关系数	0.387	
假设平均差	0.000		假设平均差	0.000	
df	68.000		df	68.000	
t 检验	55.045		t 检验	50.320	
$P(T<=t)$ 单尾	0.000		$P(T<=t)$ 单尾	0.000	
t 单尾临界	1.668		t 单尾临界	1.668	
$P(T<=t)$ 双尾	0.000		$P(T<=t)$ 双尾	0.000	
t 双尾临界	1.995		t 双尾临界	1.995	

XIII组数据结果

传 统 作 业	名义捕捞努力量	有效捕捞努力量	试 验 作 业	名义捕捞努力量	有效捕捞努力量
平均	1 163.391	50.312	平均	387.609	14.945
方差	48 270.359	161.424	方差	4 008.859	17.888
观测值	69.000	69.000	观测值	69.000	69.000
Pearson 相关系数	0.715		Pearson 相关系数	0.587	
假设平均差	0.000		假设平均差	0.000	
df	68.000		df	68.000	
t 检验	43.858		t 检验	50.806	
$P(T<=t)$ 单尾	0.000		$P(T<=t)$ 单尾	0.000	
t 单尾临界	1.668		t 单尾临界	1.668	
$P(T<=t)$ 双尾	0.000		$P(T<=t)$ 双尾	0.000	
t 双尾临界	1.995		t 双尾临界	1.995	

XIV组数据结果

传 统 作 业	名义捕捞努力量	有效捕捞努力量	试 验 作 业	名义捕捞努力量	有效捕捞努力量
平均	1 163.391	35.561	平均	387.609	8.470
方差	48 270.359	69.820	方差	4 008.859	7.297
观测值	69.000	69.000	观测值	69.000	69.000
Pearson 相关系数	0.684		Pearson 相关系数	0.522	
假设平均差	0.000		假设平均差	0.000	
df	68.000		df	68.000	
t 检验	43.762		t 检验	50.839	
$P(T<=t)$ 单尾	0.000		$P(T<=t)$ 单尾	0.000	
t 单尾临界	1.668		t 单尾临界	1.668	
$P(T<=t)$ 双尾	0.000		$P(T<=t)$ 双尾	0.000	
t 双尾临界	1.995		t 双尾临界	1.995	

XV组数据结果

传统作业	名义捕捞努力量	有效捕捞努力量	试验作业	名义捕捞努力量	有效捕捞努力量
平均	1 163.391	50.486	平均	387.609	20.809
方差	48 270.359	166.168	方差	4 008.859	14.481
观测值	69.000	69.000	观测值	69.000	69.000
Pearson 相关系数	0.770		Pearson 相关系数	0.467	
假设平均差	0.000		假设平均差	0.000	
df	68.000		df	68.000	
t 检验	44.033		t 检验	49.439	
$P(T<=t)$ 单尾	0.000		$P(T<=t)$ 单尾	0.000	
t 单尾临界	1.668		t 单尾临界	1.668	
$P(T<=t)$ 双尾	0.000		$P(T<=t)$ 双尾	0.000	
t 双尾临界	1.995		t 双尾临界	1.995	

XVI组数据结果

传统作业	名义捕捞努力量	有效捕捞努力量	试验作业	名义捕捞努力量	有效捕捞努力量
平均	1 163.391	54.819	平均	387.609	19.810
方差	48 270.359	143.932	方差	4 008.859	12.436
观测值	69.000	69.000	观测值	69.000	69.000
Pearson 相关系数	0.882		Pearson 相关系数	0.545	
假设平均差	0.000		假设平均差	0.000	
df	68.000		df	68.000	
t 检验	44.016		t 检验	49.705	
$P(T<=t)$ 单尾	0.000		$P(T<=t)$ 单尾	0.000	
t 单尾临界	1.668		t 单尾临界	1.668	
$P(T<=t)$ 双尾	0.000		$P(T<=t)$ 双尾	0.000	
t 双尾临界	1.995		t 双尾临界	1.995	

附表 3-2 不同作业方式间有效率的 t 检验

	I 组数据结果		II 组数据结果		III 组数据结果		IV 组数据结果		V 组数据结果		VI 组数据结果		VII 组数据结果		VIII 组数据结果	
	传统钓具有效率	试验钓具有效率	传统钓具有效率	试验钓具有效率	传统钓具有效率	试验钓具有效率	传统钓具有效率	试验钓具有效率	传统钓具有效率	试验钓具有效率	传统钓具有效率	试验钓具有效率	传统钓具有效率	试验钓具有效率	传统钓具有效率	试验钓具有效率
平均	0.086	0.094	0.100	0.073	0.091	0.100	0.075	0.092	0.148	0.165	0.059	0.063	0.039	0.039	0.038	0.038
方差	0.000	0.000	0.000	0.000	0.000	0.000	0.000	0.000	0.000	0.001	0.000	0.000	0.000	0.000	0.000	0.000
观测值	69.000	69.000	69.000	69.000	69.000	69.000	69.000	69.000	69.000	69.000	69.000	69.000	69.000	69.000	69.000	69.000
Pearson 相关系数	0.127		0.722		-0.156		0.144		0.232		0.563		0.952		0.915	
假设平均差	0.000		0.000		0.000		0.000		0.000		0.000		0.000		0.000	
df	68.000		68.000		68.000		68.000		68.000		68.000		68.000		68.000	
t 检验	-5.361		21.186		-3.809		-7.523		-5.105		-3.362		1.000		1.000	
P(T<=t) 单尾	0.000		0.000		0.000		0.000		0.000		0.001		0.160		0.160	
t 单尾临界	1.668		1.668		1.668		1.668		1.668		1.668		1.668		1.668	
P(T<=t) 双尾	0.000		0.000		0.000		0.000		0.000		0.001		0.321		0.321	
t 双尾临界	1.995		1.995		1.995		1.995		1.995		1.995		1.995		1.995	

	IX 组数据结果		X 组数据结果		XI 组数据结果		XII 组数据结果		XIII 组数据结果		XIV 组数据结果		XV 组数据结果		XVI 组数据结果	
	传统钓具有效率	试验钓具有效率	传统钓具有效率	试验钓具有效率	传统钓具有效率	试验钓具有效率	传统钓具有效率	试验钓具有效率	传统钓具有效率	试验钓具有效率	传统钓具有效率	试验钓具有效率	传统钓具有效率	试验钓具有效率	传统钓具有效率	试验钓具有效率
平均	0.089	0.088	0.048	0.055	0.049	0.054	0.036	0.051	0.043	0.038	0.031	0.021	0.049	0.056	0.047	0.050
方差	0.000	0.000	0.000	0.000	0.000	0.000	0.000	0.000	0.000	0.000	0.000	0.000	0.000	0.000	0.000	0.000
观测值	69.000	69.000	69.000	69.000	69.000	69.000	69.000	69.000	69.000	69.000	69.000	69.000	69.000	69.000	69.000	69.000
Pearson 相关系数	0.806		0.456		0.372		0.823		0.335		0.687		0.382		0.319	
假设平均差	0.000		0.000		0.000		0.000		0.000		0.000		0.000		0.000	
df	68.000		68.000		68.000		68.000		68.000		68.000		68.000		68.000	
t 检验	1.000		-6.168		-4.954		-11.608		4.531		16.347		-4.817		-2.372	
P(T<=t) 单尾	0.160		0.000		0.000		0.000		0.000		0.000		0.000		0.010	
t 单尾临界	1.668		1.668		1.668		1.668		1.668		1.668		1.668		1.668	
P(T<=t) 双尾	0.321		0.000		0.000		0.000		0.000		0.000		0.000		0.021	
t 双尾临界	1.995		1.995		1.995		1.995		1.995		1.995		1.995		1.995	

附表 3-3 不同重量的重锤有效率的方差分析

Ⅰ 组数据结果

差异源	SS	df	MS	F	P 值	F crit
组间	0.000	3.000	0.000	0.237	0.871	2.638
组内	0.067	272.000	0.000			
总计	0.067	275.000				

Ⅱ 组数据结果

差异源	SS	df	MS	F	P 值	F crit
组间	0.000	3.000	0.000	0.487	0.692	2.638
组内	0.076	272.000	0.000			
总计	0.076	275.000				

Ⅲ 组数据结果

差异源	SS	df	MS	F	P 值	F crit
组间	0.000	3.000	0.000	0.022	0.996	2.638
组内	0.109	272.000	0.000			
总计	0.109	275.000				

Ⅳ 组数据结果

差异源	SS	df	MS	F	P 值	F crit
组间	0.000	3.000	0.000	0.424	0.736	2.638
组内	0.088	272.000	0.000			
总计	0.088	275.000				

Ⅴ 组数据结果

差异源	SS	df	MS	F	P 值	F crit
组间	0.001	3.000	0.000	0.318	0.812	2.638
组内	0.272	272.000	0.001			
总计	0.273	275.000				

VI组数据结果

差异源	SS	df	MS	F	P 值	F crit
组间	0.000	3.000	0.000	0.025	0.995	2.638
组内	0.039	272.000	0.000			
总计	0.039	275.000				

VII组数据结果

差异源	SS	df	MS	F	P 值	F crit
组间	0.000	3.000	0.000	0.044	0.988	2.638
组内	0.032	272.000	0.000			
总计	0.032	275.000				

VIII组数据结果

差异源	SS	df	MS	F	P 值	F crit
组间	0.000	3.000	0.000	0.032	0.992	2.638
组内	0.026	272.000	0.000			
总计	0.026	275.000				

IX组数据结果

差异源	SS	df	MS	F	P 值	F crit
组间	0.000	3.000	0.000	0.107	0.956	2.638
组内	0.128	272.000	0.000			
总计	0.128	275.000				

X 组数据结果

差异源	SS	df	MS	F	P 值	F crit
组间	0.000	3.000	0.000	0.080	0.971	2.638
组内	0.032	272.000	0.000			
总计	0.032	275.000				

XI组数据结果

差异源	SS	df	MS	F	P 值	F crit
组间	0.000	3.000	0.000	0.352	0.788	2.638
组内	0.026	272.000	0.000			
总计	0.026	275.000				

XII组数据结果

差异源	SS	df	MS	F	P 值	F crit
组间	0.000	3.000	0.000	0.090	0.965	2.638
组内	0.115	272.000	0.000			
总计	0.115	275.000				

XIII组数据结果

差异源	SS	df	MS	F	P 值	F crit
组间	0.000	3.000	0.000	0.257	0.857	2.638
组内	0.031	272.000	0.000			
总计	0.032	275.000				

XIV组数据结果

差异源	SS	df	MS	F	P 值	F crit
组间	0.000	3.000	0.000	0.267	0.849	2.638
组内	0.013	272.000	0.000			
总计	0.013	275.000				

XV组数据结果

差异源	SS	df	MS	F	P 值	F crit
组间	0.000	3.000	0.000	0.384	0.764	2.638
组内	0.034	272.000	0.000			
总计	0.034	275.000				

XVI组数据结果

差异源	SS	df	MS	F	P 值	F crit
组间	0.000	3.000	0.000	0.164	0.921	2.638
组内	0.029	272.000	0.000			
总计	0.029	275.000				

附表 3 - 4　有效 CPUE 与名义 CPUE 差异的 t 检验

	Ⅰ组 名义CPUE	Ⅰ组 有效CPUE	Ⅱ组 名义CPUE	Ⅱ组 有效CPUE	Ⅲ组 名义CPUE	Ⅲ组 有效CPUE	Ⅳ组 名义CPUE	Ⅳ组 有效CPUE	Ⅴ组 名义CPUE	Ⅴ组 有效CPUE	Ⅵ组 名义CPUE	Ⅵ组 有效CPUE	Ⅶ组 名义CPUE	Ⅶ组 有效CPUE	Ⅷ组 名义CPUE	Ⅷ组 有效CPUE
平均	2.899	32.698	2.899	7.293	2.899	30.916	2.899	36.418	2.899	18.768	2.899	48.422	2.899	75.572	2.899	77.792
方差	9.341	1 172.956	9.341	64.233	9.341	1 060.218	9.341	1 516.365	9.341	385.142	9.341	2 694.587	9.341	7 016.282	9.341	7 663.441
观测值	69.000	69.000	69.000	69.000	69.000	69.000	69.000	69.000	69.000	69.000	69.000	69.000	69.000	69.000	69.000	69.000
Pearson 相关系数	0.999		0.984		0.998		0.978		0.987		0.998		0.957		0.948	
假设平均差	0.000		0.000		0.000		0.000		0.000		0.000		0.000		0.000	
df	68.000		68.000		68.000		68.000		68.000		68.000		68.000		68.000	
t 检验	-7.935		-7.250		-7.886		-7.743		-7.933		-7.739		7.467		-7.349	
P(T<=t) 单尾	0.000		0.000		0.000		0.000		0.000		0.000		0.000		0.000	
t 单尾临界	1.668		1.668		1.668		1.668		1.668		1.668		1.668		1.668	
P(T<=t) 双尾	0.000		0.000		0.000		0.000		0.000		0.000		0.000		0.000	
t 双尾临界	1.995		1.995		1.995		1.995		1.995		1.995		1.995		1.995	

	Ⅸ组 名义CPUE	Ⅸ组 有效CPUE	Ⅹ组 名义CPUE	Ⅹ组 有效CPUE	Ⅺ组 名义CPUE	Ⅺ组 有效CPUE	Ⅻ组 名义CPUE	Ⅻ组 有效CPUE	ⅩⅢ组 名义CPUE	ⅩⅢ组 有效CPUE	ⅩⅣ组 名义CPUE	ⅩⅣ组 有效CPUE	ⅩⅤ组 名义CPUE	ⅩⅤ组 有效CPUE	ⅩⅥ组 名义CPUE	ⅩⅥ组 有效CPUE
平均	2.899	34.411	2.899	57.355	2.899	56.512	2.899	86.602	2.899	71.783	2.899	109.565	2.899	63.761	2.899	60.929
方差	9.341	1 372.264	9.341	3 699.430	9.341	3 515.576	9.341	11 098.690	9.341	6 252.316	9.341	16 540.497	9.341	4 745.259	9.341	4 176.664
观测值	69.000	69.000	69.000	69.000	69.000	69.000	69.000	69.000	69.000	69.000	69.000	69.000	69.000	69.000	69.000	69.000
Pearson 相关系数	0.962		0.986		0.997		0.864		0.968		0.965		0.983		0.992	
假设平均差	0.000		0.000		0.000		0.000		0.000		0.000		0.000		0.000	
df	68.000		68.000		68.000		68.000		68.000		68.000		68.000		68.000	
t 检验	-7.673		-7.824		-7.918		-6.769		-7.517		-7.051		-7.673		-7.826	
P(T<=t) 单尾	0.000		0.000		0.000		0.000		0.000		0.000		0.000		0.000	
t 单尾临界	1.668		1.668		1.668		1.668		1.668		1.668		1.668		1.668	
P(T<=t) 双尾	0.000		0.000		0.000		0.000		0.000		0.000		0.000		0.000	
t 双尾临界	1.995		1.995		1.995		1.995		1.995		1.995		1.995		1.995	

附表 3 - 5 有效 CPUE 指数与名义 CPUE 指数差异的 t 检验

	I 组		II 组		III 组		IV 组		V 组		VI 组		VII 组		VIII 组	
	名义 CPUE 指数	有效 CPUE 指数	名义 CPUE 指数	有效 CPUE 指数	名义 CPUE 指数	有效 CPUE 指数	名义 CPUE 指数	有效 CPUE 指数	名义 CPUE 指数	有效 CPUE 指数	名义 CPUE 指数	有效 CPUE 指数	名义 CPUE 指数	有效 CPUE 指数	名义 CPUE 指数	有效 CPUE 指数
平均	1.000	1.000	1.000	1.000	1.000	1.000	1.000	1.000	1.000	1.000	1.000	1.000	1.000	1.000	1.000	1.000
方差	1.111	1.097	1.111	1.208	1.111	1.109	1.111	1.143	1.111	1.093	1.111	1.093	1.111	1.229	1.111	1.266
观测值	69.000	69.000	69.000	69.000	69.000	69.000	69.000	69.000	69.000	69.000	69.000	69.000	69.000	69.000	69.000	69.000
Pearson 相关系数	0.999		0.984		0.998		0.978		0.987		0.987		0.957		0.948	
假设平均差	0.000		0.000		0.000		0.000		0.000		0.000		0.000		0.000	
df	68.000		68.000		68.000		68.000		68.000		68.000		68.000		68.000	
t 检验	0.000		0.000		0.000		0.000		0.000		0.000		0.000		0.000	
$P(T<=t)$ 单尾	0.500		0.500		0.500		0.500		0.500		0.500		0.500		0.500	
t 单尾临界	1.668		1.668		1.668		1.668		1.668		1.668		1.668		1.668	
$P(T<=t)$ 双尾	1.000		1.000		1.000		1.000		1.000		1.000		1.000		1.000	
t 双尾临界	1.995		1.995		1.995		1.995		1.995		1.995		1.995		1.995	

	IX 组		X 组		XI 组		XII 组		XIII 组		XIV 组		XV 组		XVI 组	
	名义 CPUE 指数	有效 CPUE 指数	名义 CPUE 指数	有效 CPUE 指数	名义 CPUE 指数	有效 CPUE 指数	名义 CPUE 指数	有效 CPUE 指数	名义 CPUE 指数	有效 CPUE 指数	名义 CPUE 指数	有效 CPUE 指数	名义 CPUE 指数	有效 CPUE 指数	名义 CPUE 指数	有效 CPUE 指数
平均	1.000	1.014	1.000	1.000	1.000	1.000	0.999	0.996	1.000	1.000	1.000	1.000	1.000	1.000	1.000	1.000
方差	1.111	1.191	1.111	1.125	1.111	1.101	1.110	1.114	1.111	1.213	1.111	1.378	1.111	1.167	1.111	1.125
观测值	69.000	69.000	69.000	69.000	69.000	69.000	69.000	69.000	69.000	69.000	69.000	69.000	69.000	69.000	69.000	69.000
Pearson 相关系数	0.962		0.986		0.997		1.000		0.968		0.965		0.983		0.992	
假设平均差	0.000		0.000		0.000		0.000		0.000		0.000		0.000		0.000	
df	68.000		68.000		68.000		68.000		68.000		68.000		68.000		68.000	
t 检验	-0.388		0.000		0.000		1.000		0.000		0.000		0.000		0.000	
$P(T<=t)$ 单尾	0.349		0.500		0.500		0.160		0.500		0.500		0.500		0.500	
t 单尾临界	1.668		1.668		1.668		1.668		1.668		1.668		1.668		1.668	
$P(T<=t)$ 双尾	0.699		1.000		1.000		0.321		1.000		1.000		1.000		1.000	
t 双尾临界	1.995		1.995		1.995		1.995		1.995		1.995		1.995		1.995	

附表 3-6 4 对数据结果差异性检验结果

Ⅶ组和ⅩⅢ组数据结果(总有效捕捞努力力量)

	ⅩⅢ 组	Ⅶ 组
平均	65.257	60.760
方差	187.229	234.717
观测值	69.000	69.000
Pearson 相关系数	0.555	
假设平均差	0.000	
df	68.000	
t 检验	2.716	
$P(T<=t)$ 单尾	0.004	
t 单尾临界	1.668	
$P(T<=t)$ 双尾	0.008	
t 双尾临界	1.995	

Ⅶ组和ⅩⅢ组数据结果(正常作业有效捕捞努力力量)

	ⅩⅢ 组	Ⅶ 组
平均	50.312	45.392
方差	161.424	145.771
观测值	69.000	69.000
Pearson 相关系数	0.599	
假设平均差	0.000	
df	68.000	
t 检验	3.680	
$P(T<=t)$ 单尾	0.000	
t 单尾临界	1.668	
$P(T<=t)$ 双尾	0.000	
t 双尾临界	1.995	

Ⅶ组和ⅩⅢ组数据结果(试验有效捕捞努力力量)

	ⅩⅢ 组	Ⅶ 组
平均	15.131	15.368
方差	15.196	18.683
观测值	69.000	69.000
Pearson 相关系数	0.312	
假设平均差	0.000	
df	68.000	
t 检验	-0.408	
$P(T<=t)$ 单尾	0.342	
t 单尾临界	1.668	
$P(T<=t)$ 双尾	0.685	
t 双尾临界	1.995	

Ⅷ组和ⅩⅣ组数据结果（总有效捕捞努力量）

	ⅩⅣ 组	Ⅷ 组
平均	44.031	59.312
方差	86.672	207.604
观测值	69.000	69.000
Pearson 相关系数	0.563	
假设平均差	0.000	
df	68.000	
t 检验	−10.608	
P(T<=t) 单尾	0.000	
t 单尾临界	1.668	
P(T<=t) 双尾	0.000	
t 双尾临界	1.995	

Ⅷ组和ⅩⅣ组数据结果（正常作业有效捕捞努力量）

	ⅩⅣ 组	Ⅷ 组
平均	35.561	44.362
方差	69.820	134.767
观测值	69.000	69.000
Pearson 相关系数	0.620	
假设平均差	0.000	
df	68.000	
t 检验	−7.959	
P(T<=t) 单尾	0.000	
t 单尾临界	1.668	
P(T<=t) 双尾	0.000	
t 双尾临界	1.995	

Ⅷ组和ⅩⅣ组数据结果（试验有效捕捞努力量）

	ⅩⅣ 组	Ⅷ 组
平均	8.470	14.950
方差	7.297	15.750
观测值	69.000	69.000
Pearson 相关系数	0.620	
假设平均差	0.000	
df	68.000	
t 检验	−17.229	
P(T<=t) 单尾	0.000	
t 单尾临界	1.668	
P(T<=t) 双尾	0.000	
t 双尾临界	1.995	

X组和XV组数据结果(总有效捕捞努力量)

	XV 组	X 组
平均	71.065	77.740
方差	215.020	220.007
观测值	69.000	69.000
Pearson 相关系数	0.796	
假设平均差	0.000	
df	68.000	
t 检验	−5.879	
$P(T<=t)$ 单尾	0.000	
t 单尾临界	1.668	
$P(T<=t)$ 双尾	0.000	
t 双尾临界	1.995	

X组和XV组数据结果(正常作业有效捕捞努力量)

	XV 组	X 组
平均	50.486	56.063
方差	166.168	176.867
观测值	69.000	69.000
Pearson 相关系数	0.785	
假设平均差	0.000	
df	68.000	
t 检验	−5.388	
$P(T<=t)$ 单尾	0.000	
t 单尾临界	1.668	
$P(T<=t)$ 双尾	0.000	
t 双尾临界	1.995	

X组和XV组数据结果(试验有效捕捞努力量)

	XV 组	X 组
平均	20.577	21.677
方差	19.097	18.119
观测值	69.000	69.000
Pearson 相关系数	0.823	
假设平均差	0.000	
df	68.000	
t 检验	−3.551	
$P(T<=t)$ 单尾	0.000	
t 单尾临界	1.668	
$P(T<=t)$ 双尾	0.001	
t 双尾临界	1.995	

XI组和XVI组数据结果(总有效捕捞努力量)

	XVI 组	XI 组
平均	74.298	78.231
方差	167.291	155.532
观测值	69.000	69.000
Pearson 相关系数	0.796	
假设平均差	0.000	
df	68.000	
t 检验	−4.020	
$P(\text{T}<=t)$ 单尾	0.000	
t 单尾临界	1.668	
$P(\text{T}<=t)$ 双尾	0.000	
t 双尾临界	1.995	

XI组和XVI组数据结果(正常作业有效捕捞努力量)

	XVI 组	XI 组
平均	54.819	57.107
方差	143.932	127.670
观测值	69.000	69.000
Pearson 相关系数	0.824	
假设平均差	0.000	
df	68.000	
t 检验	−2.737	
$P(\text{T}<=t)$ 单尾	0.004	
t 单尾临界	1.668	
$P(\text{T}<=t)$ 双尾	0.008	
t 双尾临界	1.995	

XI组和XVI组数据结果(试验有效捕捞努力量)

	XVI 组	XI 组
平均	19.503	21.124
方差	16.633	15.300
观测值	69.000	69.000
Pearson 相关系数	0.796	
假设平均差	0.000	
df	68.000	
t 检验	−5.267	
$P(\text{T}<=t)$ 单尾	0.000	
t 单尾临界	1.668	
$P(\text{T}<=t)$ 双尾	0.000	
t 双尾临界	1.995	